普通高等学校一流专业建设
环境科学与工程系列规划教材

U0240784

交通环境
监测实验

孙姣霞　潘　瑾　刘雪莲　主编
樊建新　胡　莺

西南大学出版社
国家一级出版社 全国百佳图书出版单位

图书在版编目（CIP）数据

交通环境监测实验 / 孙姣霞, 潘瑾, 刘雪莲主编
. -- 重庆 : 西南大学出版社, 2023.12
ISBN 978-7-5697-2038-9

Ⅰ.①交… Ⅱ.①孙… ②潘… ③刘… Ⅲ.①交通环
境—环境监测—实验—高等学校—教材 Ⅳ.①X83-33

中国国家版本馆 CIP 数据核字(2023)第 239150 号

交通环境监测实验

JIAOTONG HUANJING JIANCE SHIYAN

主　编　孙姣霞　潘　瑾　刘雪莲　樊建新　胡　莺

责任编辑：刘欣鑫

责任校对：文佳馨　李青松

特约校对：钟宇欣

装帧设计：汤　立

排　　版：贝　岚

出版发行：西南大学出版社(原西南师范大学出版社)

　　　　　地　　址:重庆市北碚区天生路2号

　　　　　邮　　编:400715

　　　　　电　　话:023-68868624

印　　刷：重庆市国丰印务有限责任公司

幅面尺寸：195 mm×255 mm

印　　张：12.5

字　　数：305千字

版　　次：2023年12月 第1版

印　　次：2023年12月 第1次印刷

书　　号：ISBN 978-7-5697-2038-9

定　　价：48.00元

前　言

　　"交通"上至天空，下至陆地和海洋，对生态环境有深远影响。随着生态文明理念的深度践行，交通行业对生态环境质量方面产生的影响越来越受关注，因此这方面的研究也日趋重要。环境监测是生态环境质量影响评价和研究的基础，环境监测实验是从事相关工作的有效手段。为满足环境类及交通相关专业对环境监测技术的要求，并考虑环境监测方法标准更新和环境监测技术的发展，编者结合"交通"特色，由浅入深，层层递进，编写具有实操性的教材具有一定的现实意义。本教材适用于环境相关专业及交通相关专业的本科生、研究生参考。本教材具有如下特点：

　　(1)教材内容包含环境监测实验安全、环境监测实验的基础操作方法和质量控制与质量保证，较为全面地阐述了实验操作过程中易出现的安全问题和基本的实验操作方法，以及实验数据处理的基础知识，为环境类相关专业和非环境类相关专业学生开展实验打下基础；

　　(2)实验内容包含陆路交通和水路交通中所涉及的常规污染物的测定；

　　(3)除常规测定的基础实验，本书还特意编排了部分具有交通特色的探究性和创新性实验，旨在提高学生的综合应用能力和解决问题的能力。

　　本教材由重庆交通大学河海学院多位教师共同编写，是集体智慧的结晶。教材中第一、二、三部分由孙姣霞、潘瑾和刘雪莲编写，附录部分由樊建新和胡莺收集并编写，最后由孙姣霞、潘瑾和刘雪莲对全部书稿进行了审阅和修改。

　　由于编者水平有限，其中难免有疏漏甚至不全之处，敬请读者批评指正。涉及的实验有部分内容参考国家标准及行业标准，部分名词和符号遵从行业规定表示。

编　者

目录
CONCENTS

第一部分

实验基础知识与质量保证

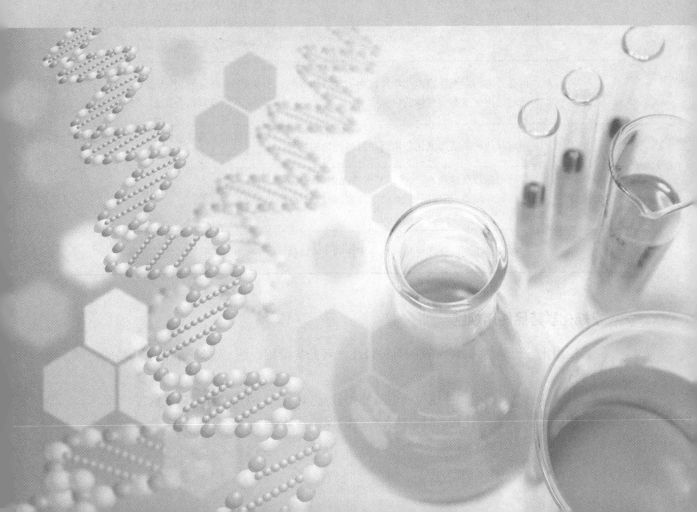

第1章　实验安全知识及规则

在环境监测实验中经常会接触到腐蚀性、易燃、易爆或有毒等危险化学药品,易损坏的玻璃仪器和精密仪器,以及各种热电、高压或真空等仪器装置。若不了解相关安全知识和实验规则,稍有不慎,就有可能会引发中毒、火灾、爆炸、触电等事故。因此,进入实验室前必须学习相关安全知识,而进入实验室后遵守实验规则显得尤为重要。实验室常见危险化学药品分类及特征如表1.1所示。

表1.1　实验室常见危险化学药品分类及特征

分类	特征	示例
易燃物质	指在空气中能够自燃或遇其他物质容易引起燃烧的化学物质	①易自燃试剂,如黄磷等 ②遇水燃烧试剂,如钾、钠等 ③易燃液体试剂,如苯、汽油、乙醚等 ④易燃固体试剂,如硫、红磷、铝粉等 ⑤易燃气体,如氢气、乙炔等
易爆物质	指受外力作用发生剧烈化学反应而引起燃烧爆炸,同时放出大量有害气体的化学物质	氯酸钾、硝酸酯、芳香族多硝基化合物、乙炔及其重金属盐、重氮盐等
强氧化性物质	指对其他物质能起氧化作用而自身被还原的物质	过氧化钠、高锰酸钾、重铬酸铵、硝酸铵等
腐蚀性物质	指具有强烈腐蚀性,使人体或其他物品因腐蚀作用发生破坏现象,甚至还引起伤亡、燃烧、爆炸的化学物质	强酸、强碱、无水氯化铝、甲醛、苯酚、过氧化氢等
有毒有害性物质	指对人或生物以及环境有强烈毒害性的化学物质	溴、甲醇、汞、三氧化二砷等

一、常规化学药品使用规则

(1)使用化学药品前,要详细查阅有关该化学药品的使用说明,充分了解化学药品的物理和化学特性。

(2)严格遵照操作规程和使用说明进行使用,避免对自己、他人和环境造成危害。

(3)使用有毒、易挥发性药品时须佩戴合适的保护器具,在通风柜中进行实验。

(4)实验前须了解化学药品的使用、保存、安全应急处理和废弃的程序。

(5)在使用危险化学药品过程中一旦出现事故,应及时采取相应控制措施,并及时向有关老师和部门报告。

二、防爆措施

(1)对实验中的易燃易爆药品要妥善保存,避免明火和碰撞,并在使用过程中做好安全防护。

(2)实验时,操作者应酌情使用个人防护用品,如防护眼镜、面罩和手套等,必要时在通风柜内进行实验。

(3)在通风柜内进行实验时,应采用安全玻璃或有机玻璃为防护材料。

(4)使用高压气瓶时,必须严格遵守实验规则;高压仪器可加设泄压装置,泄压装置出口不得面向操作者。

(5)使用高压釜、氢化釜等有爆炸危险的高压设备,必须设立专门的防爆操作室,操作时应采取严格的安全措施。

(6)易燃品、油脂和带有油污的物品,不得接触氧气瓶及强氧化剂气瓶,也不得摆放在氧气瓶或强氧化剂气瓶附近。

(7)一旦发生可燃性气体泄漏,需要采取如下措施。

a.迅速关闭出气阀门,切断泄漏源;

b.打开门、窗,流通空气,使房间内燃气浓度尽快降低;

c.迅速疏散附近人员,防止发生爆炸造成人员伤亡。

三、常见化学药品事故处理方法

(1)强酸溅到皮肤上时,立即用大量水冲洗,然后用5%的碳酸氢钠溶液或10%的氨水清洗伤处;强酸溅入眼里时,应先用水冲洗,然后用3%的碳酸氢钠溶液冲洗,并立即送往医院治疗。被氢氟酸灼伤时,应立即用水冲洗,再用冰冷的饱和硫酸镁溶液清洗并包扎。要防止氢氟酸浸入皮下和骨骼中。

(2)强碱溅在皮肤时,要用大量水冲洗,再用2%的硼酸或2%的醋酸冲洗,严重灼伤需送往医院治疗。

(3)被硝酸银、氯化锌灼伤后,可先用水冲洗,再用碳酸氢钠溶液(50 g/L)清洗,然后涂上油膏及磺胺粉。

(4)甲醛触及皮肤时,可先用水冲洗,再用酒精擦洗,最后涂上甘油。

(5)碘触及皮肤时,可用淀粉(如米饭)涂擦,这样可以减轻疼痛,也能褪色。

(6)被铬酸灼伤后,可先用大量水清洗,再用硫化铵溶液洗。

（7）吸入刺激性或有毒气体,如氯气、氯化氢气体时,可吸入少量酒精和乙醚的混合蒸汽解毒。吸入硫化氢或一氧化碳气体感到不适时,应立即到户外呼吸新鲜的空气。

四、用电注意事项

（1）任何仪表和电器等设备,应熟悉其使用方法并确定设备状态正常后,才可接通电源;使用结束后需根据设备要求断开电源,方可离开。

（2）实验室电路容量、插座等应满足设备的功率需求,大功率实验设备的用电必须使用专线。

（3）高温高压设备使用及运行期间,使用人员应在旁看守;对于长时间不间断使用的电气设备,应设立警示标识,非实验室相关人员不得擅自进入。

（4）设备使用期间如若发生异常,应及时断开电源;不得擅自拆、改电气线路,修理设备;不得乱拉、乱接电线;不准使用木质配电板和花线;等等。

（5）使用设备时,应保持手部干燥,当身体沾湿或站在潮湿的地板上时,切勿启动电源开关、触摸通电的电气设备。

（6）设备应放在良好的散热环境中,应远离热源和可燃物品,确保设备接地、接零良好。

（7）电源及高温、高压电器应与易燃易爆化学药品保持一定的安全距离,并张贴相应的警示标识。

五、常见触电处理方法

（1）应立即切断电源,可采用关闭电源开关、用干燥木棍挑开电线或拉下电闸等方法;救护人员应穿上胶底鞋或站在干燥木板上,设法使触电者脱离电源,如图1.1所示;高压线需移开10 m以上方能接近触电者。

（2）触电者脱离电源后,应迅速将其移到通风干燥的地方使其处于仰卧状态,并立即检查受伤情况。

（3）根据受伤情况确定处理方法。对心跳、呼吸停止的伤员,应及时拨打急救电话,并立即就地采用人工心肺复苏方法抢救,直到医生到达。

图1.1　安全施救方法

六、火灾处理

（1）懂得火灾的危险性、扑救方法和逃生方法。常见灭火器的使用方法如图1.2所示。

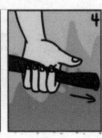

图1.2　常见灭火器的使用方法

（2）会报警、会使用灭火器灭掉初期火患，会逃生。火灾种类及灭火器类型如表1.2所示。

表1.2　火灾种类及灭火器类型

火灾种类	火灾举例	适用灭火器类型
A类	指固体物质火灾,如木材、棉、毛、麻及其制品等引发的火灾	水型灭火器 泡沫灭火器 磷酸铵盐干粉灭火器
B类	指液体火灾或可熔化固体物质火灾,如汽油、煤油、柴油、原油,甲醇、乙醇、沥青、石蜡等引发的火灾	碳酸氢钠干粉灭火器 磷酸铵盐干粉灭火器 二氧化碳灭火器 泡沫灭火器
C类	指气体火灾,如煤气、天然气、甲烷、乙烷、丙烷、氢气等引发的火灾	碳酸氢钠干粉灭火器 磷酸铵盐干粉灭火器 二氧化碳灭火器
D类	指金属火灾,如钾、钠、镁、钛、锆、锂、铝镁合金等引发的火灾	金属火灾专用灭火器 干砂
E类	指带电物体的火灾,如仪器仪表和电子计算机房等引发的火灾	碳酸氢钠干粉灭火器 磷酸铵盐干粉灭火器 二氧化碳灭火器(不得选用装有金属喇叭喷筒的二氧化碳灭火器)

第2章 环境监测实验基础知识

第一节 实验室基本操作规范

一、常见玻璃器皿的使用及使用注意事项

在环境监测实验操作之前,要按照监测分析方法的要求,先选择和清洗要使用的玻璃仪器,再配制相应的试剂溶液。表1.3为常见玻璃器皿的主要用途及使用注意事项。

表1.3 常见玻璃器皿的主要用途及使用注意事项

名 称	主要用途	使用注意事项
 烧杯	配制溶液和溶解样品等	玻璃棒搅拌要轻,不能接触杯底和杯壁;装液量不超过烧杯容积的2/3;加热时应置于石棉网上,使其受热均匀,一般不可烧干
 量筒	粗略量取溶液体积	不能加热,不能作为容器进行溶液配制,不能在烘箱中烘烤,转移溶液时要沿壁加入或倒出

名　称	主要用途	使用注意事项
移液管	准确移取一定量的液体	不能加热;上端和尖端不可磕破;读取数据时,视线应与管内溶液的凹液面齐平;放溶液时不可将移液管的管尖插入接收容器内的溶液中;移液管上标有"EX"时,不可将管尖内溶液吹出
容量瓶	准确配制溶液	不能长时间盛放试剂(需长时间盛放的溶液应装在试剂瓶里);瓶塞与容量瓶需配套使用;定容时溶液的凹液面应与刻度线相切;不能在烘箱内烘烤,不能直接加热,可水浴加热
过滤装置	分离不溶性颗粒物	滤纸尺寸应与漏斗口径大小相匹配;润湿后的滤纸紧贴漏斗不能有气泡;过滤时玻璃棒贴在三层滤纸处,且滤液液面不能高于滤纸边缘

续表

名　称	主要用途	使用注意事项
滴定管夹 碱式滴定管　酸式滴定管 锥形瓶 铁架台 **滴定装置**	容量分析	装溶液前应"检漏";读数前应先除气泡;读数时,右手的拇指和食指夹住滴定管使其自然垂直。眼睛的视线应与溶液凹液面齐平(或在同一平面上) 1. 读数偏低 正确的读数 2. 读数偏高
实验室蒸馏装置	蒸馏或分馏	装液量不超过蒸馏烧瓶容积的1/2;一般加玻璃块、碎瓷片或沸石防止暴沸;冷凝管的水流方向为"下进上出"
抽滤装置	G3标准砂芯,配套使用滤膜时可滤除微粒和细菌	停止抽滤时应先旋着拔掉砂芯滤器支管上的橡胶管,再关闭抽气泵;旋拔橡胶管时,需用一只手稳住圆筒玻璃漏斗,以防用力引起晃动而损坏容器;抽滤时间不宜太长,以防电机过热,或因真空度太高导致滤器和三角瓶之间的磨砂接口太紧,无法打开

二、常见仪器的使用及注意事项

(一)电子天平操作及注意事项

电子天平是现代分析技术中必不可少的仪器,如图1.3所示,样品和试剂称量的准确性直接影响分析结果的准确性。

图1.3　电子天平

(1)选择天平的原则。

天平不能超载,以免损坏天平;不使用精度不够的天平,以免达不到测定要求的准确度;也不滥用高精密度天平,以免造成浪费。

(2)天平称量方法。

①直接称量法。

所称固体样品如果没有吸湿性并且在空气中是稳定的,可用直接称量法。先在天平上准确称出洁净称量瓶的质量,然后用药匙取适量的样品后加入,再称出总质量。将两次质量的数值相减,就是样品的质量。

②减量法。

先准确称出样品和称量瓶的总质量,然后将称量瓶中的样品倒出一部分在待盛药品的容器中,估计倒出量和所需量相接近时,盖上称量瓶,放在天平上再准确称出剩余样品和称量瓶的总质量。两次质量的差数就是所需样品的质量。(如果一次倒出的太多,必须重取样重称,不能将已经取出的样品放回称量瓶。如果倒出的不够可再加一次,但次数宜少。)

(3)维护与保养。

①天平应放在水平的台面上或坚实不易振动的平台上,远离常有振动的区域。

②安装天平的室内应避免日光照射,室内温度和湿度不能变化太大,分别保持在17～23 ℃和55%～75%范围为宜。应尽量隔绝对天平不利的水蒸气、腐蚀性气体、粉尘等物质。

③天平室应保持清洁干燥。天平箱内应用毛刷刷净,并放置变色硅胶干燥剂。如发现部分硅胶变色,应立即更换。天平应加防尘罩,天平室应注意随手关门。

④天平放妥后不宜经常搬动。

⑤移动天平位置后,校正后方可使用。

(二)干燥箱的使用及注意事项

干燥箱(也称烘箱)是实验室常用的设备,图1.4为鼓风干燥箱示意图。

(1)干燥箱应放置在具有良好通风条件的室内,周围不可放置易燃易爆物品,不能放置在含酸含碱的环境中,避免其电子元件被腐蚀。

(2)实验室内的干燥箱一般功率比较大,连续工作

图1.4　鼓风干燥箱

时间不能过长,不可让干燥箱在无人看守的情况下长时间运行。

（3）不能使用没有防爆功能的干燥箱来烘干易燃易爆的物品。

（4）箱内隔板上的烘干物品切勿放置紧密,必须留出空间以利于热空气循环。同时隔板负荷有限,不能超载。

（5）物品过于湿润时,可开大排气窗,同时开大鼓风机,以便蒸汽顺利快速排出。

（6）烘干物不能放置在散热板上,防止损坏烘箱或物品,甚至引起火灾。

（7）烘干玻璃仪器时,要等其温度降低才可以取出,防止骤然降温而出现破坏。

（8）烘干过程中不能经常开关烘箱门,以免影响烘箱温度。

（9）同一烘箱用于烘干不同物品时,要了解各烘干物品的成分、确定能否混烘,不经过他人允许不能擅自改变烘箱温度。

（10）烘干后应及时关闭电源。

(三)离心机的使用及注意事项

目前,实验室常用的是电动离心机,如图1.5所示。电动离心机转动速度快,特别要防止在离心机运转期间,因不平衡而边工作边移动,掉下实验台或顶盖未扣紧使离心管因振动而破裂,造成事故。转头损坏大多是由于操作不当,常见的操作不当有转速过大、腐蚀性液体溅出、不平衡等。

图1.5　电动离心机

（1）离心机使用时要放置在平稳、坚固的水平台面上。

（2）电动离心机如噪声过大或机身振动剧烈,应立即切断电源,排除故障。

（3）离心机必须在安置了离心管后才能运转,严禁空架运转。

（4）离心管必须对称放入,防止机身振动。若是奇数样品管,需另外用一支装有等质量水的离心管对称放入。

（5）选择合适的转头,控制转头的转速和离心时间,注意保持转头内清洁。

（6）按需选用不同型号和材质的离心管。

（7）启动离心机时,扣紧离心机顶盖后,方可慢慢启动。

（8）分离结束后,先关闭离心机,待离心机停止转动后,方可打开顶盖,取出样品,不可用外力强制其停止转动。

（9）离心机运行期间,实验者不得离开。

(四)pH计的使用及注意事项

pH计是用来精准测量液体介质酸碱度值的仪器,配上相应的离子选择电极后可以测量离子电极电位值(mV)(如图1.6)。使用过程中有以下注意事项。

(1)在测量前必须用与待测液pH值接近的标准缓冲溶液对电极进行定位校准。

(2)复合电极的外参比补充液为3 mol/L 氯化钾溶液,补充液可以从电极上端小孔加入,复合电极不使用时,拉上橡皮套,防止补充液干涸。

(3)电极应避免长期浸在蒸馏水、蛋白质溶液或酸性氟化物溶液中。

(4)电极经长期使用后,如发现斜率略有降低,则需要活化处理。即把电极下端浸泡在4%

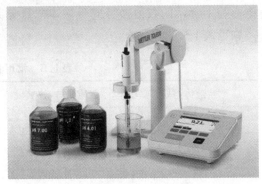

图1.6　pH计

氢氟酸中3~5 s后取出,用蒸馏水进行冲洗,然后在0.1 mol/L 的盐酸溶液中浸泡数小时,用蒸馏水冲洗干净,再用pH=6.86(25 ℃)的标准缓冲液标定定位,调节好后任意选择另一种缓冲溶液进行斜率调节(见表1.4)。如斜率仍偏低,则需更换电极。

(5)被测溶液中如含有易污染敏感球泡或堵塞液接界的物质时,电极使用后容易钝化,出现斜率降低、读数不准确等现象,此时应根据污染物的性质,用适当溶液清洗,使电极复新。

表1.4　缓冲溶液的pH值与温度关系对照表

温度/℃	0.050 mol/L 邻苯二甲酸氢钾	0.025 mol/L 混合物磷酸盐	0.010 mol/L 四硼酸钠
10	4.00	6.92	9.33
15	4.00	6.90	9.28
20	4.00	6.88	9.23
25	4.00	6.86	9.18
30	4.01	6.85	9.14
35	4.02	6.84	9.11
40	4.03	6.84	9.07

三、溶液配制及注意事项

(一)溶质

(1)固体溶质:按所需量直接称取,但配制标准溶液和滴定溶液时,所用无水溶质都必须在105~110 ℃的烘箱内烘1 h以上,冷却至室温后,立刻称重配制。部分物质可在有效的干燥器或烘箱内进行干燥,可不用加热法烘干。称取溶质应使用洁净干燥的容器,对易吸潮的应使用有盖容器(如称量瓶)称取。

（2）液体溶质：以体积分数配制时，按所需量直接量取即可；以质量体积分数配制时，应先将标签上标示的数值换算成质量体积百分数，再算出所需体积后量取。常用液体溶质的浓度换算见表1.5。

表1.5　常用液体溶质的浓度换算表

液体溶质	质量分数/%	相对密度	质量体积百分数/%	摩尔浓度/(mol/L)
硝酸(HNO_3)	71.0	1.42	100	16
盐酸(HCl)	37.0	1.18	44	12
硫酸(H_2SO_4)	96.0	1.84	177	18
冰醋酸(CH_3COOH)	99.5	1.05	104	17
氨水($NH_3 \cdot H_2O$)	28.0	0.90	25	14

（二）溶剂

（1）水：本书中所配制的溶液，除明确规定者外，一般为蒸馏水或去离子水所配制的水溶液。

（2）有机溶剂：有机溶剂与所用溶质的纯度匹配。若其纯度偏低，需经蒸馏或分馏，收集规定沸程内的馏出液，必要时应先进行检验，符合要求后再使用。

（三）配制溶液的注意事项

（1）如所需溶液不易保存或用量很小，可按比例适量配制实际所需体积的溶液。

（2）配制强酸或强碱溶液时，必须按照浓酸或浓碱倒入水的顺序进行，把酸碱倒入装有水的敞口容器，并缓慢地不断搅拌，待溶液冷却到室温后，再转移到容量瓶进行定容。

（3）配制时所用试剂的名称、数量及其他有关信息，均应详细写在原始记录上，以备查对。

（4）溶质常需加热助溶，或在溶解过程中放出大量溶解热时，应在烧杯内配制，待溶解完全并冷却至室温后，再转移到容量瓶进行定容。

（5）碱性溶液和浓盐类溶液不能贮存在磨口塞玻璃瓶内，以免瓶塞与瓶口固结后不易打开。遇光易变质的溶液应贮存在棕色瓶中，放暗处保存。

（6）应用不褪色的墨水在标签上写明名称、浓度、配制日期和配制人（必要时注明所用试剂的级别和溶剂的种类）。盛装易燃、易爆、有毒或有腐蚀性溶液的试剂瓶，应使用红色边框的标签。

第二节 样品采集与保存

一、水样采集与保存

(一)水样的类型

对于天然水体,为了采集具有代表性水样,要根据分析目的和现场实际情况来选择采集样品的类型和采样方法;对于工业废水和生活污水,应根据其产生途径、排放规律和监测目的,针对其流量和浓度随时间变化的非稳态流体特性,科学、合理地设计水样的采样方法。

(1)瞬时水样:从水体中不连续的、随机采集的样品称为瞬时水样。对于组分较稳定的水体,或水体的组分在相当长的时间和相当大的空间范围变化不大时,采集的瞬时水样具有很好的代表性。当水体的组分随时间发生较大变化,则要在适当的时间间隔内进行瞬时采样,分别进行分析,测出其变化程度、频率。当水体的组成发生空间变化时,就要在各个相应的部位进行采样。瞬时水样无论是在水面、规定深度或底层,通常均可人工采集,也可用自动化方法采集。自动采集是以预定时间或流量间隔为基础采集一系列瞬时样品的方法,一般情况下所采集的样品只代表采样当时和采样点的水质。

(2)混合水样:在同一采样点上以流量、时间、体积或是以流量为基础,按照已知比例(间歇的或连续的)混合在一起的样品,称为混合水样。混合水样是混合的几个单独样品,可减少监测分析工作量,节约时间,降低试剂损耗。混合样品提供组分的平均值,因此在样品混合之前,应验证这些样品参数的数据,以确保混合后样品数据的准确性。如果被测成分在水样贮存过程中易发生明显变化,则不适合用作混合水样,如测定挥发酚、油类、硫化物等。要测定这些物质,需采取单样贮存方式。

(3)综合水样:把从不同采样点同时采集的瞬时水样混合为一个样品(时间应尽可能接近,以便得到所需要的资料),此样品称为综合水样。综合水样的采集包括两种情况:在特定位置采集一系列不同深度的水样(纵断面样品);在特定深度采集一系列不同位置的水样(横截面样品)。采集综合水样是获得平均浓度的重要方式,有时需要把代表断面上的各点或几个污水排放口的污水按相对比例流量混合,取其平均浓度。采集综合水样,应视水体的具体情况和采样目的而定。如几条排污河渠建设综合污水处理厂,从各个河道取单样分析不如取综合水样进行分析,后者更为科学合理,因为各股污水的相互反应可能对设施的处理性能及其成分产生显著的影响,且不可能对相互作用进行数学预测,因此取综合水样可能提供更加可靠的资料。而有些情况下取单样比较合理,如湖泊和水库在深度和水平方向常常出现组分上的变化,此时大多数平均值或总值的变化不显著,局部变化明显。在这种情况下,综合水样就失去了意义。

(二)采样前的准备

进行地表水、地下水、废水和污水采样前,根据监测项目的性质和采样方法的要求,首先要选择适宜材质的盛水容器和采样器。对采样器具的材质要求化学性质稳定、大小和形状适宜、不吸附待测组分、容易清洗并可反复使用。其次,需确定采样总量(分析用量和备份用量）。

采集表层水时，可用桶、瓶等容器直接采集，一般将其沉至水面下 0.3~0.5 m 处采集。采集深层水样时，可用简易采水器、深层采水器、采水泵、自动采水器等。

(三)水样的保存

各种水质的水样，从采集到分析这段时间内，由于物理、化学和生物的作用，会发生不同程度的变化，这些变化使得进行分析时的样品已不再是采样时的样品，为了使这种变化降低到最小的程度，必须在采样时对样品加以保护。水样在贮存期内发生变化的程度主要取决于水样类型及水样的物理化学和生物学性质，也取决于保存条件、容器材质、运输及气候变化等因素。

(1)冷藏或冷冻法。

在大多数情况下，从采集样品到运输至实验室期间，将样品于 1~5 ℃冷藏并暗处保存。但冷藏并不适用于长期保存水样，废水的保存时间更短。

−20 ℃的冷冻温度一般能延长贮存期，分析挥发性物质不宜用冷冻程序。如果样品包含细胞、细菌或微藻类，在冷冻过程中会破裂、损失细胞组分，同样不宜用冷冻法。冷冻需要掌握冷冻和融化技术，以使样品在融化时能迅速地、均匀地恢复其原始状态。干冰快速冷冻是目前最适宜的方法，一般选用塑料容器，强烈推荐聚氯乙烯或聚乙烯等塑料容器。

(2)加入化学试剂保存法。

①控制溶液 pH 值：测定含金属离子的水样常用硝酸酸化至 pH 值为 1~2，既可以防止重金属的水解沉淀，又可以防止金属在器壁表面上的吸附，同时 pH 值为 1~2 的酸性介质还能抑制生物的活动。用此法保存，大多数金属可稳定数周或数月。测定氰化物的水样需加氢氧化钠调 pH 值至 12。测定六价铬的水样应加氢氧化钠调 pH 值至 8，因在酸性介质中，六价铬的氧化电位高，易被还原。保存总铬的水样，则应加硝酸或硫酸调 pH 值至 1~2。

②加入抑制剂：为了抑制生物作用，可在样品中加入抑制剂。如在测氨氮、硝酸盐氮和化学需氧量(COD)的水样中，加氯化汞或加入三氯甲烷、甲苯作防护剂以抑制生物对亚硝酸盐、硝酸盐、铵盐的氧化还原作用。在测酚水样中用磷酸调溶液的 pH 值，加入硫酸铜以控制苯酚分解菌的活动。

③加入氧化剂：水样中痕量汞易被还原，引起汞的挥发性损失，加入硝酸—重铬酸钾溶液可使汞维持在高氧化态，汞的稳定性大为改善。

④加入还原剂：测定硫化物的水样，加入抗坏血酸对保存有利。含余氯水样，能氧化氰离子，可使酚类、烃类、苯系物氯化生成相应的衍生物，因此可在采样时加入适当的硫代硫酸钠予以还原，除去余氯干扰。

备注：样品保存剂如酸、碱或其他试剂，在采样前应进行空白实验，其纯度和等级必须达到分析的要求。

水样的保质期与多种因素有关，例如组分的稳定性、浓度、水样的污染程度等。表1.6和表1.7列出了水样中部分理化测定项目及测定生物和微生物指标时，水样的保存方法和保存期。

表1.6　常用水样保存技术

测定项目/参数	采样容器	保存方法及保存剂用量	可保存时间	最少采样量/mL	容器洗涤方法	备注
pH	P 或 G	—	12 h	250	I	尽量现场测定
色度	P 或 G	—	12 h	250	I	尽量现场测定
浊度	P 或 G	—	12 h	250	I	尽量现场测定
气味	G	1～5 ℃冷藏	6 h	500		大量测定可带离现场
电导率	P 或 G	4 ℃	12 h	250	I	尽量现场测定
悬浮物	P 或 G	1～5 ℃暗处	14 d	500	I	
酸度	P 或 G	1～5 ℃暗处	30 d	500	I	
碱度	P 或 G	1～5 ℃暗处	12 d	500	I	
二氧化碳	P 或 G	水样充满容器,低于取样温度	24 h	500		最好现场测定
总固体残渣	P 或 G	1～5 ℃冷藏	24 h	100		
化学需氧量	G	H_2SO_4酸化,pH≤2	2 d	500	I	最长可保存6个月
化学需氧量	P	−20 ℃	1个月	100	I	最长可保存6个月
高锰酸盐指数	G	1～5 ℃暗处冷藏	2 d	500	I	尽快分析
高锰酸盐指数	P	−20 ℃	1个月	500	I	尽快分析
五日生化需氧量(BOD_5)	溶解氧瓶	1～5 ℃暗处冷藏	12 h	250	I	
五日生化需氧量(BOD_5)	P	−20 ℃	1个月	1 000	I	
总有机碳(TOC)	G	H_2SO_4酸化,pH≤2;1～5 ℃	7 d	250	I	
总有机碳(TOC)	P	−20 ℃	1个月	100	I	
溶解氧	溶解氧瓶	加硫酸锰,碱性KI—叠氮化钠溶液,现场固定	24 h	500	I	尽量现场测定
总磷	P 或 G	用 H_2SO_4酸化,pH≤2	24 h	250	IV	
总磷	P	−20 ℃	1个月		I	
氨氮	P 或 G	H_2SO_4酸化,pH≤2,4 ℃	24 h	250		
硝酸盐氮	P 或 G	1～5 ℃冷藏,暗处	24 h	250	I	
硝酸盐氮	P	−20 ℃	1个月	250	I	
总氮	P 或 G	H_2SO_4酸化,pH=1～2,4 ℃	7d	250	I	
总氮	P	−20 ℃	1个月	500	I	

续表

测定项目/参数	采样容器	保存方法及保存剂用量	可保存时间	最少采样量/mL	容器洗涤方法	备注
硫化物	P 或 G	水样充满容器。1 L 水样加 NaOH 至 pH=9,加入 5% 抗坏血酸 5 mL,饱和 EDTA 3 mL,滴加饱和 Zn(Ac)$_2$,至胶体产生,常温避光	24 h	250	I	
总氰化物	P 或 G	加 NaOH 到 pH≥9,5 ℃冷藏	7 d,如存在硫化物,保存 12 h	250	I	
F	P	1~5 ℃,避光	14 d	250	I	
Cl	P 或 G	1~5 ℃,避光	30 d	250	I	
Br	P 或 G	1~5 ℃,避光	14 h	250	I	
I	P 或 G	NaOH,pH=12	14 h	250	I	
SO$_4^{2-}$	P 或 G	1~5 ℃,避光	30 d	250	I	
硫酸盐	P 或 G	1~5 ℃冷藏	1 个月	200		
亚硫酸盐	P 或 G	水样充满容器。100 mL 水样加 1 mL 2.5% EDTA 溶液,现场固定	2 d	500		
阳离子表面活性剂	G 甲醇清洗	1~5 ℃冷藏	2 d	500		不能用溶剂清洗
	P 或 G	1~5 ℃冷藏,用 H$_2$SO$_4$酸化,pH=1~2	2 d	500	IV	不能用溶剂清洗
非离子表面活性剂	G	水样充满容器。1~5 ℃冷藏,加入 37% 甲醛,使样品含 1% 的甲醛溶液	1 个月	500		不能用溶剂清洗
余氯	P 或 G	避光	5 min	500		最好在采集后 5 min 内现场分析
镁	P G 或	1 L 水样中加浓 HNO$_3$ 10 mL 酸化	14 d	250	酸洗 II	
钾	P	1 L 水样中加浓 HNO$_3$ 10 mL 酸化	14 d	250	酸洗 II	
钙	P 或 G	1 L 水样中加浓 HNO$_3$ 10 mL 酸化	14 d	250	II	
六价铬	P 或 G	NaOH,pH=8~9	14 d	250	酸洗 III	
铬	P 或 G	1 L 水样中加浓 HNO$_3$10 mL 酸化	1 个月	100	酸洗	

续表

测定项目/参数	采样容器	保存方法及保存剂用量	可保存时间	最少采样量/ mL	容器洗涤方法	备注
锰	P 或 G	1 L 水样中加浓 $HNO_3$10 mL 酸化	14 d	250	Ⅲ	
铁	P 或 G	1 L 水样中加浓 $HNO_3$10 mL 酸化	14 d	250	Ⅲ	
重金属化合物	P 或 G	HNO_3酸化,pH=1～2	1个月	500		最长6个月
油类	溶剂洗 G	HCl 酸化至 pH≤2	7 d	100	Ⅱ	

注:①P 为聚乙烯瓶(桶),G 为硬质玻璃瓶。

②d 表示天,h 表示小时,min 表示分。

表1.7 生物、微生物指标的保存技术

待测项目	采样容器	保存方法及保存剂用量	最少采样量/ mL	可保存时间	备注
一、微生物分析					
细菌总数、大肠杆菌总数,粪大肠菌、粪链球菌、沙门氏菌、志贺氏菌等总数	灭菌容器G	1～5 ℃冷藏		尽快(地表水、污水及饮用水)	取氯化或溴化过的水样时,所用的样品瓶消毒之前,每125 mL 加入0.1 mL 10%的硫代硫酸钠以消除氯或溴对细菌的抑制作用,对重金属含量高于0.01 g/L的水样,应在容器消毒之前,每125 mL 容积加入0.3 mL的15%EDTA

二、生物学分析

(本表所列的生物分析项目,不可能包括所有的生物分析项目,仅仅引出研究工作常涉及的动植物种群分析项目)

		鉴定和计数			
底栖无脊椎动物类——大样品	P 或 G	加入 70%乙醇	1 000	1 年	样品中的水应先倒出以达到最高的防腐剂的浓度
	P 或 G	加入 37%甲醛(用硼酸钠或四氮六甲醛调节至中性),用100 g/L 福尔马林溶液稀释到 3.7%	1 000	3个月	

续表

待测项目	采样容器	保存方法及保存剂用量	最少采样量/mL	可保存时间	备注
底栖无脊椎动物类——小样品（如参考样品）	G	加入防腐溶液,含70%乙醇,37%甲醛和甘油(比例是100:2:1)	100	不确定	对无脊椎群,如扁形动物,须用特殊方法,以防止被破坏
藻类	G 或 P 盖紧瓶盖	每200份,加入0.5~1份卢格氏溶液1~5℃暗处冷藏	200	6个月	碱性卢格氏溶液适用于新鲜水,酸性卢格氏溶液适用于带鞭毛虫的海水。如果褪色,应加入更多的卢格氏溶液

(四)样品的标签设计

采集水样后,往往根据不同的分析要求,分装成数份,并分别加入保存剂,每一份样品都应附一张完整的水样标签。水样标签应事先设计打印,内容一般包括:采样目的,项目唯一性编号,监测点数目、位置,采样时间,日期,采样人员,保存剂的加入量等。标签应用不褪色的墨水填写,并牢固地粘贴于盛装水样的容器外壁上。对于未知的特殊水样以及存在危险或潜在危险物质如酸,应用记号标出,并对现场水样情况作详细描述。

对需要现场测试的项目,如pH值、电导率、温度、流量等应按表1.8进行记录,并妥善保管现场记录,采样现场数据记录表如表1.8所示。

表1.8　采样现场数据记录表

项目名称

样品描述

采样地点	样品编号	采样日期	时间		pH值	温度	其他参量		备注
			采样开始	采样结束					

注:备注中应根据实际情况填写水体类型、气象条件(气温、风向、风速、天气状态)、采样点周围环境状况、采样点经纬度、采样点水深、采样层次等内容。

二、大气样品的采样方法

根据被测污染物在空气和废气中存在的状态和浓度水平以及所用的分析方法,按气态、颗粒态和两种状态共存的污染物,简单介绍不同原理的采样方法和注意事项。

(一)直接采样法

当空气中被测组分浓度较高,或所用的分析方法灵敏度很高时,可选用直接采集少量气体样品的采样法。用该方法测得的结果是瞬时或者短时间内的平均浓度,而且可以较快得到分析结果。直接采样法常用的容器有以下几种。

(1)注射器采样。

用100 mL的注射器直接连接一个三通活塞。采样时,先用现场空气或废气抽洗注射器3~5次,然后抽样,密封进样口,将注射器进气口朝下,垂直放置,使注射器的内压略大于大气压。要注意样品存放时间不宜太长,一般要当天分析完。此外,所用的注射器要作磨口密封性的检查,有时需要对注射器的刻度进行校准。

(2)塑料袋采样。

常用的塑料袋有聚乙烯袋、聚氯乙烯袋和聚四氟乙烯袋等,用金属衬里(铝箔等)的袋子采样,能防止样品的渗透。为了检验对样品的吸附或渗透,建议事先对塑料袋进行样品稳定性实验。稳定性较差的,用已知浓度的待测物在与样品相同的条件下保存,计算出吸附损失后,对分析结果进行校正。

使用前要作气密性检查:充足气后,密封进气口,将其置于水中,不应产生气泡。使用时用现场气样冲洗3~5次后,再充进样品,夹封袋口,带回实验室分析。

(3)固定容器法采样。

固定容器法也是采集少量气体样品的方法,常用的设备有两类。一种是用耐压的玻璃瓶或不锈钢瓶,采样前抽至真空。采样时打开瓶塞,被测空气自行充进瓶中。使用真空采样瓶要注意的是必须要进行严格的漏气检查和清洗。另一种是以置换法充进被测空气的采样管,采样管的两端有活塞。在现场用二联球打气,使通过采样管的被测气体量至少为管体积的6~10倍,充分置换掉原有的空气,然后封闭两端管口。采样管的容积即为采样体积。

(二)有动力采样法

有动力采样法是用一个抽气泵,将空气样品通过吸收瓶(管)中的吸收介质,使空气样品中的待测污染物浓缩在吸收介质中。吸收介质通常是液体或多孔状的固体颗粒物,其不仅浓缩了待测污染物,提高了分析灵敏度,还可以去除干扰物质和选择不同原理的分析方法。有动力浓缩采样法分为溶液吸收法、固体填充柱采样法和低温冷凝浓缩法,下面主要介绍溶液吸收法。

溶液吸收法主要是用于采集气态和蒸气态的污染物,是最常用的气体污染物样品的浓缩采样法。根据需要,吸收管分别设计为:气泡吸收管、冲击式吸收管和多孔筛板吸收管等,如图1.7所示。

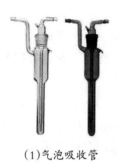  

(1)气泡吸收管　　　　　　　(2)冲击式吸收管　　　　　　(3)多孔筛板吸收管

图1.7　气体吸收管

在使用溶液吸收法时,应注意以下几个问题:

①当采气流量一定时,为使气液接触面积增大,提高吸收效率,应尽可能使气泡直径变小,液体高度加大,尖嘴部的气泡速度减慢。但不宜过度,否则管路内压增加,无法采样。建议通过实验测定实际吸收效率来进行选择。

②由于加工工艺等问题,应对吸收管的吸收效率进行检查,选择吸收效率为90%以上的吸收管,尤其是使用气泡吸收管和冲击式吸收管时。

③新购置的吸收管要进行气密性检查:将吸收管内装适量水,接至抽气瓶上,两个水瓶的水面差为1 m,密封进气口,抽气至吸收管内无气泡出现,待抽气瓶水面稳定后,静置10 min,抽气瓶水面应无明显降低。

④部分方法的吸收液或吸收待测污染物后的溶液稳定性较差,易受空气氧化、日光照射而分解或随现场温度的变化而分解等,应严格按操作规程采取密封、避光或恒温采样等措施,并尽快分析。

⑤吸收管的内压不宜过大或过小,可能的话采样时要先进行阻力测试,吸收管要垂直放置,进气管要置于中心的位置。

⑥现场采样时,要注意观察,不能有泡沫抽出。采样后,用样品溶液洗涤进气管内壁三次,再倒出分析。

(三)被动式采样法

被动式采样法是以气体分子扩散或渗透原理采集空气中气态或蒸气态污染物的一种采样方法,由于它不用任何电源或抽气动力,所以该采样器又称无泵采样器。这种采样器体积小、非常轻便,可制成一支钢笔或一枚徽章大小,用于个体接触剂的评价监测;也可放在预测场所,连续采样,间接用于环境空气质量的评价监测。目前,常用于室内空气污染和个体接触剂的评价监测。

(四)颗粒物的采样方法

空气中颗粒物的采样方法主要有滤料阻留法和自然沉降法。滤料阻留法根据粒子切割器和采样流速等不同,分别采集空气中不同粒径的颗粒物,或利用等速采样法采集烟尘和粉尘。自然沉降法主要用于采集颗粒物粒径大于30 μm的尘粒。

（1）滤料阻留法。

该方法是将过滤材料（滤纸、滤膜等）放在采样夹上，用抽气装置抽气，则空气中的颗粒物被阻留在过滤材料上，称量过滤材料上富集的颗粒物的质量，根据采样体积，即可计算出空气中颗粒物的浓度。

常用的滤料有纤维状滤料，如滤纸、玻璃纤维滤膜、过氯乙烯滤膜等；筛孔状滤料有微孔滤膜、核孔滤膜、银膜等，选择滤膜时，应根据采样目的，选择采样效率高、性能稳定、空白值低、易于处理和利于采样后分析测定的滤膜。

（2）自然沉降法。

这种方法是利用物质的自然重力、空气动力和浓度差扩散作用采集大气中的被测物质，如氟化物等大气样品的采集。这种采样方法不需要动力设备，简单易行，采样时间长，测定结果能较好地反映空气污染情况，如降尘试样和硫酸盐化速率试样的采集。

（五）综合采样法

空气中污染物多数都不是以单一状态存在的，往往同时存在于气态和颗粒物中，将不同采样方法相结合的综合采样法，能将不同状态的污染物同时采集。例如，在滤料阻留法的采样夹后接上气体吸收管或填充柱，则颗粒物收集在滤膜上，而气体污染物收集在吸收管或填充柱中。

三、土壤样品的采集和加工

采集土壤样品包括根据监测目的和监测项目确定采样点的布设、采样深度、采样量和样品类型。这里主要介绍土壤样品的采集和加工。

（一）土壤样品采集

（1）剖面样。

采样点可为表层或土壤剖面。一般要求的监测采集表层样，采样深度0～20 cm，特殊要求的监测（如土壤背景、环评、污染事故等）需选择部分采样点土壤剖面样品。剖面的规格一般为长1.5 m，宽0.8 m，深1.2 m。挖掘土壤剖面要使观察面向阳，表土和底土分两侧放置。

（2）混合样。

一般农田土壤环境监测采集耕作层土样，种植一般农作物采0～20 cm，种植果林类农作物采0～60 cm。为了保证样品的代表性，降低监测费用，采取采集混合样的方案。每个土壤单元设3～7个采样区，单个采样区可以是自然分割的一个田块，也可以由多个田块所构成，其范围以200 m×200 m左右为宜。每个采样区的样品为农田土壤混合样。混合样的采集主要有四种方法，如图1.8所示：

①梅花点法：适用于面积较小、地势平坦、土壤组成和受污染程度相对比较均匀的田块。

将采样田块划2条对角线,以对角线的交点为中心采样点,再在对角线上选择4个与中心点距离相等的点,一共设分点5个左右。

②对角线法:适用于污灌型农田土壤。将采样田块的对角线等分点为各个采样分点。

③蛇形法:适宜于面积较大、土壤不够均匀且地势不平坦的田块,多用于农业污染型土壤。各分点混匀后用四分法取1 kg土样装入样品袋,多余部分弃去。

④棋盘式法:适宜中等面积、地势平坦、土壤不够均匀的田块;受污泥、垃圾等固体废物污染的土壤,分点应在20个以上。

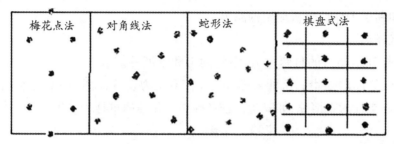

图1.8 混合土壤采样点布设示意图

(二)土壤样品的加工

一般制样工作室分设风干室和磨样室。风干室朝南(严防阳光直射土样),通风良好、整洁、无尘、无易挥发性化学物质。

(1)制样工具及容器。

风干用白色搪瓷盘及木盘作为装土壤的容器。

粗粉碎用木槌、木棍、木棒、有机玻璃棒等。

磨样用玛瑙研磨机(球磨机)或玛瑙研钵、白色瓷研钵。

过筛用尼龙或金属材质的分样筛,规格通常为2~100目。

(2)制样程序。

①风干:在风干室将土样放置于风干盘中,摊成2~3 cm的薄层,适时地压碎、翻动,同时拣出碎石、砂砾、植物残体。

②磨样:分为粗磨和细磨。

粗磨样品:在磨样室将风干的样品倒在有机玻璃板上,用木槌敲打,用木棍、木棒、有机玻璃棒再次压碎,拣出杂质,混匀,并用四分法取样进行缩分,过孔径0.25 mm(20目)尼龙筛。过筛后的样品全部置于无色聚乙烯薄膜上,并充分搅拌混匀,再采用四分法取其两份,一份交样品库存放,另一份供样品的细磨用。粗磨样可直接用于土壤pH值、阳离子交换量、元素有效态含量等项目的分析。

细磨样品:将用于细磨的样品再用四分法分成两份,一份研磨至全部过孔径0.25 mm(60目)筛,用于农药或土壤有机质、土壤全氮量等项目分析;另一份研磨至全部过孔径0.15 mm(100目)筛,用于土壤元素全量分析。

③样品分装:研磨混匀后的样品,分别装于样品袋或样品瓶,填写土壤标签一式两份,瓶内或袋内放一份,瓶外或袋外贴一份。

(3)注意事项

①制样过程中采样时的土壤标签应与土壤始终放在一起,避免混错。

②制样工具每处理一份样后擦抹(洗)干净,严防交叉污染。

③分析挥发性、半挥发性有机物或可萃取有机物无需上述制样,用新鲜样按特定的方法进行样品前处理。

第3章　环境监测实验质量保证

环境监测实验质量保证是环境监测中十分重要的技术工作和管理工作。质量保证和质量控制,是保证监测数据准确可靠的方法,也是科学管理实验室和监测系统的有效措施,它可以保证数据质量,使环境监测建立在可靠的基础之上。质量保证是对整个监测过程的全面管理,根据需要确定监测指标及数据的质量要求,规定相应的分析监测系统。其内容包括:采样、样品预处理、贮存、运输、实验室供应,仪器设备、器皿的选择和校准,试剂、溶剂和基准物质的选用,统一测量方法,质量控制程序,数据的记录和整理,各类人员的要求和技术培训,实验室的清洁和安全,编写有关的文件、指南和手册等。

第一节　基本概念

一、准确度

准确度是指分析结果与假定或公认的真实值之间的符合程度,一般用绝对误差和相对误差表示。

(一)误差的分类

误差是分析结果(测量值)与真实值之间的差值。根据误差的性质和来源,可将误差分为系统误差和偶然误差。

(1)系统误差。

系统误差又称可测误差、恒定误差,是测量、分析过程中某些恒定因素造成的。系统误差在一定条件下具有重现性,并不因增加测量次数而减少。产生系统误差的原因有:方法误差、仪器误差、试剂误差、恒定的个人误差和环境误差等。系统误差可以采取不同的方法,如校准仪器,进行空白实验、对照实验、回收实验,制定标准规程等,减少或消除系统误差。

(2)偶然误差。

偶然误差又称随机误差或不可测误差,是由分析测定过程中各种偶然因素造成的。这些偶然因素包括测定时温度的变化、电压的波动、仪器的噪声、分析人员的判断能力等。它们所引起的误差有时小、有时大、有时正、有时负,没有规律性且难以消除。在相同条件下多次测量,偶然误差遵从正态分布规律,当测定次数无限多时,偶然误差可以消除。但是,在实际的环境监测分析中,测定次数有限,所以偶然误差不可避免。要想减少偶然误差,需要适当增加测定次数。

(二)误差的表示方法

(1)绝对误差。

绝对误差是测量值或单一测量值(x)或多次测量的均值与真实值(x_t)之差,绝对误差有正负之分。

$$绝对误差 = x - x_t$$

(2)相对误差。

相对误差指绝对误差与真实值之比(常以百分数表示)。

$$相对误差 = \frac{x - x_t}{x_t} \times 100\%$$

在一定程度上绝对误差和相对误差均能反映测定结果的准确度,误差越小越准确。

二、精密度

采用同一种方法,对同一种样品进行多次测量后,所得测量结果的一致程度被称为精密度(又称精度)。精密度一般用标准偏差或相对标准偏差(RSD)表示,值越小,精密度越高。

(1)绝对偏差(d)是测定值与均值之差,即用 $d_i = x_i - \bar{x}$ 计算。

(2)相对偏差是绝对偏差与均值之比(常以百分数表示)。

$$相对偏差 = \frac{d}{\bar{x}} \times 100\%$$

(3)标准偏差:用 S 表示。

$$S = \sqrt{\frac{1}{n-1} \sum_{i=1}^{n} (x_i - \bar{x})^2}$$

(4)相对标准偏差:又称变异系数,是样本标准偏差在样本均值中所占的百分数,记为 C_v。

$$C_v = \frac{S}{\bar{x}} \times 100\%$$

三、灵敏度

灵敏度是指该方法对浓度或待测物质的其他量的变化的对应响应变化程度。它可以用仪器的响应量或其他指示量与对应的待测物质的浓度或其他量之比表示,因此常用校准曲线的斜率来度量灵敏度。灵敏度因实验条件而变。校准曲线的直线部分以公式表示:

$$A = kc + a$$

式中:

A—仪器的响应量;

c—待测物质的浓度；

a—校准曲线的截距；

k—方法的灵敏度，k值大，说明该方法的灵敏度高。

四、检出限

检出限是指在给定的置信区间内，能用某一分析方法从样品中检测出的待测物质的最小浓度或其他最小量。所谓"检出"是指定性检出，即在待测样品中存在有浓度高于空白的待测物质。

检出限有几种规定，简述如下：

(1)分光光度法中规定扣除空白值后，以吸光度0.01相对应的浓度值为检出限。

(2)气相色谱法中规定检测器产生的响应信号为噪声值的两倍时，相对应的量为最小检测量。最小检测浓度是指最小检测量与进样量(体积)之比。

(3)离子选择性电极法规定，某一方法的校准曲线直线部分的延长线与通过空白电位且平行于浓度轴的直线相交时，其交点所对应的浓度值即为检出限。

(4)全球水质监测操作指南规定，给定置信水平为95%时，样品浓度的一次测定值与零浓度样品的一次测定值有显著性差异者，即为检出限(L)。当空白测定次数$n>20$时：

$$L = 4.6\sigma_{wb}$$

式中：σ_{wb}—空白平行测定(批内)标准偏差。

检出限是指校准曲线直线部分的最高点(弯曲点)相应的浓度值。

五、测定限

(1)测定下限。

在测定误差能满足预定要求的前提下，用特定方法能准确地定量测定待测物质的最小浓度或量，称为该方法的测定下限。

测定下限反映出分析方法能准确地定量测定低浓度待测物质的极限的可能性。在没有系统误差的前提下，它受精密度要求的限制。分析方法的精密度要求越高，测定下限高于检出限越多。

一般情况下以4倍检出限作为测定下限。微生物计数法测定下限与检出限一致。其他物理、感官分析方法，生物毒性测试方法等测定下限的确定根据具体情况确定。

(2)测定上限。

在测定误差能满足预定要求的前提下，用特定方法能够准确地定量测量待测物质的最大浓度或量，称为该方法的测定上限。对于没有系统误差的特定分析方法，精密度要求不同，测定上限也将不同。

六、最佳测定范围

最佳测定范围又称为有效测定范围,指在测定误差能满足预定要求的前提下,特定方法的测定下限到测定上限之间的浓度范围。在此范围内能够准确地定量测定待测物质的浓度或量。最佳测定范围应小于方法的适用范围。对测定结果的精密度要求越高,相应的最佳测定范围越小。

七、校准曲线

校准曲线是用于描述待测物质的浓度或量与相应的测量仪器的响应量或其他指示量之间的定量关系的曲线。校准曲线的斜率常随环境温度、试剂批号和贮存时间等实验条件的改变而变动。因此,在测定样品的同时,绘制校准曲线最为理想。也可在测定样品的时候,平行测定零浓度和中等浓度标准溶液各两份,取均值相减后与原校准曲线上的相应点进行核对,其相对差值不得大于10%,否则应重新绘制校准曲线。

(1)线性检查。

线性检查即检查校准曲线的精密度,分光光度法一般要求其相关系数$|r| \geq 0.999\,0$,否则应找出原因加以纠正,并重新绘制合格的校准曲线。

(2)截距检查。

截距检查即检验校准曲线的准确度,在线性检查合格的基础上,对其进行线性回归得出回归方程$y = a + bx$。一般截距$a<0.005$(减去测试空白后计算);当$a>0.005$时,截距a与0做t检验,当置信水平为95%时,若无显著性差异,即为合格。当a与0有显著性差异时,需从分析方法、仪器设备、量器、剂量和操作等方面查找原因,改进后重新绘制校准曲线。

(3)斜率检查。

斜率检查即检验分析方法的灵敏度,方法灵敏度是随实验条件的变化而变化的。在完全相同的分析条件下,仅由于操作中的随机误差所导致的斜率变化不应超出一定的允许范围,此范围因分析方法的精密度不同而异。例如,一般而言,分子吸收分光光度法要求其相对差值小于5%,而原子吸收分光光度法要求其相对差值小于10%。

八、加标回收

测定样品的同时,在同一样品的子样中加入一定量的标准物质进行测定,测定结果减去样品的测定值,以计算回收率。加标回收率的测定可以反映测试结果的准确度。当按照平行加标方法测定回收率时,所得结果既可以反映测试结果的准确度,也可以判断其精密度。

在实际测定过程中,将标准溶液加入经过处理后的待测水样中的做法不够合理。尤其是测定有机污染成分而样品须经净化处理时,或测定挥发性酚、氨氮、硫化物等需要蒸馏预处理的污染成分时,该做法不能反映预处理过程中的沾污或损失情况,虽然回收率较好,但数据不够准确。

进行加标回收率测定时,还应注意以下几点:

①加标物的形态应该和待测物的形态相同。

②加标量应和样品中所含待测物的测量精密度范围相同,一般情况下作如下规定:加标量应尽量与样品中待测物含量相等或相近,并注意对样品体积的影响;当样品中待测物含量接近方法检出限时,加标量应控制在校准曲线的低浓度范围;在任何情况下加标量均不得大于待测物含量的3倍;加标后的测定值不应超出测量上限的90%;当样品中待测物浓度高于校准曲线的中间浓度时,加标量应控制在待测物含量的50%。

③由于加标样和样品的分析条件完全相同,其中干扰物质和不正确操作等因素所导致的效果相等。当以其测定结果之差计算回收率时,常不能准确反映样品测定结果的实际差错。

九、空白实验

空白实验又称空白测试,是用蒸馏水代替样品进行测定。其所加试剂和操作步骤与样品测定完全相同。空白实验应与样品测定同时进行。样品分析时仪器的响应值(如吸光度、峰高等)不仅是样品中待测物质的分析响应值,还包括所有其他因素,如试剂中杂质、环境和操作进程的沾污等的响应值。这些因素经常变化,为了了解它们对测定的综合影响,在每次测定时,均须做空白实验,空白实验所得的响应值称为空白实验值。空白实验对实验用水有一定的要求,即其中待测物质浓度应低于方法的检出限。当空白实验值偏高时,应全面检查空白实验用水、空白试剂、量器和容器是否沾污、仪器的性能以及环境状况等。

第二节　数据分析与处理

一、数据修约规则

(一)有效数字

有效数字是指能够实际测量到的数字。有效数字由其前面所有的准确数字和最后一位估计的可疑数字组成,每一位数字都为有效数字。例如用滴定管进行滴定操作,滴定管的最小刻度是0.1 mL,如果滴定分析中用去标准溶液的体积为15.35 mL,前三位15.3是从滴定管的刻度上直接读出来的,而第四位5是估读出来的。显然,前三位是准确数字,第四位不太准确,称作可疑数字,但这四位都是有效数字。

有效数字与通常数学上一般数字的概念不同。一般数字仅反映数值的大小,而有效数字既反映测量数值的大小,又反映一个测量数值的准确程度。如果用分析天平称量药品时,称量的药品质量为1.564 3 g,是5位有效数字。它不仅说明了样品的质量,也表明了最后一位"3"是可疑的。有效数字的位数说明了仪器的种类和精密程度。例如,用"g"作单位,分析天平可以精确到小数点后第四位数字,而用台秤只能精确到小数点后第二位数字。

(二)数字修约规则

在数据传递过程中,遇到测量值的有效数字位数不同时,必须舍弃一些多余的数字,以便于运算,这种舍弃多余数字的过程称为"数字修约过程"。有效数字修约应遵守《数值修约规则与极限数值的表示和判定》(GB/T 8170—2008)的有关规定,可总结为:四舍六入五考虑,五后非零则进一,五后皆零视奇偶,五前为偶应舍去,五前为奇则进一。数字修约时,只允许对原测量值一次修约到所要的位数,不能分次修约,例如53.454 6修约为4位数时,应该为53.45,不可以先修约为53.455,再修约为53.46。

(三)有效数字运算法则

各种测量、计算的数据需要修约时,应遵守下列规则。

(1)加减法运算规则。

加减法中,误差按绝对误差的方式传递,运算结果的有效数字位数应与各数据中小数点后位数最小的相同。运算时,可先比小数点后位数最少的数据多保留一位小数,进行加减,然后按上述规则修约。

(2)乘除法。

在乘除法中,有效数字的位数应与各数中相对误差最大的数据位数相同,即根据有效数字位数最少的数来进行修约,与小数点的位置无关。

(3)乘方和开方。

一个数据乘方和开方的结果,其有效数字的位数与原数据的有效数字位数相同。

(4)对数。

对数的有效数字位数仅取决于小数部分(尾数)数字的位数,整数部分只代表该数字的方次。

另外,求四个或四个以上测量数据的平均值时,其结果的有效数字位数增加一位;误差和偏差的有效数字通常只取一位,测定次数很多时,方可取两位,并且最多取两位,但在运算过程中先不修约,最后修约到要求的位数。

二、监测结果的表述

监测数值反映客观环境的真实值,但真实值很难测定,总体均值可以认为接近真实值,然而实际测定的次数是有限的,所以常用有限次的监测数据来反映真实值,其结果表达方式一般有以下几种。

(一)用算术平均数($\bar{x}$)代表集中趋势

测定过程中排除系统误差后,只存在随机误差,根据正态分布的原理,限定的次数无限多($n \to \infty$)时的总体均值(μ)应与真实值(x_t)很接近,但实际只能测定有限次数。因此样本的算术平均值是用集中趋势表达检测结果的最常用方式。

(二)用算术平均值和标准偏差表示测定结果的精密度($\bar{x} \pm s$)

算术平均值代表集中趋势,标准偏差表示离散程度。算术平均值代表性的大小与标准偏差的大小有关,即标准偏差大,算术平均值代表性小,所以检测结果常以"$\bar{x} \pm s$"表示。

(三)用 $(\bar{x} \pm s, C_v)$ 表示结果

标准偏差大小还与所测均数水平或测量单位有关。不同均数水平或测定单位的测量结果之间,其标准偏差是无法进行比较的,但变异系数是相对值,所以在一定范围内用来比较不同水平或单位测定结果之间的变异系数。

第二部分

环境监测基础实验

第1章　水运交通环境监测实验

水体中pH—悬浮物—浊度和电导率的测定

pH值—玻璃电极法

pH值是水中氢离子活度的负对数。pH=-lg [H$^+$]。

pH值是环境监测中常用的和重要的检验项目之一。饮用水标准的pH值范围是6.5~8.5。pH值易受水温影响而发生变化,所以应在规定的温度下进行测定,或者在测定同时进行校正温度。通常采用玻璃电极法和比色法测定pH值。比色法简便,但受色度、浊度、胶体物质、氧化剂、还原剂及盐度的干扰大,玻璃电极法基本不受前述因素的干扰。然而,pH值在10以上时,测量时会产生"钠差",读数偏低,需选用特制的"低钠差"玻璃电极,或使用与水样pH值相近的标准缓冲溶液对仪器进行校正。关于水体中氢离子活度指数的测定,定性时可通过使用pH指示剂、pH试纸测定,而定量的pH测量需要采用pH计来进行测定。

一、实验目的

(1)掌握水中pH值测定的方法。
(2)明确测定pH值对水质评价的意义。

二、实验原理

pH值是指测量电池的电动势而得到的数值。该电池通常由参比电极和指示电极所组成。在25 ℃时,溶液每变化1个pH单位,电位差改变值为59.16 mV,据此在仪器上直接以pH的读数表示。在仪器上有温度差异时可利用温度补偿装置来进行补偿。

三、仪器与试剂

1.仪器

(1)pH计。

(2)磁力搅拌器。

(3)50 mL烧杯(最好是聚乙烯)。

2.试剂

(1)pH标准溶液。

四、样品保存

最好现场测定。否则应采集样品后在0～4 ℃条件下保存样品,并于采样后2 h内进行测定。

五、实验步骤

1.仪器校准(两点校准法)

按仪器使用说明书进行操作。将水样与标准溶液调到同一温度,记录测定温度,并将仪器温度补偿旋钮调至该温度上。

将电极浸入第一个标准溶液,校正仪器,该标准溶液与待测水样的pH值相差不超过2个pH单位。取出电极,彻底冲洗并用滤纸吸干。再将电极浸入第二个标准溶液中,其pH值与第一个标准溶液的pH值相差3个pH单位。两次校准完毕后即完成该pH仪器的校准。

校准过程中,仪器示值与标准溶液的pH值之差(S)应小于0.05个pH单位,否则就要检查仪器、电极或标准溶液。

2.样品测定

测定样品时,先用蒸馏水将电极进行冲洗,并用滤纸边缘吸干,然后将电极浸入样品中,测定时小心摇动或缓慢搅拌水样使其均匀,静置,待读数稳定时记下pH值。

六、注意事项

(1)玻璃电极在使用前应在蒸馏水中浸泡24 h以上。测定时,玻璃电极的玻璃球泡应全部浸入溶液中。

(2)为防止空气中二氧化碳溶入水样,或水样中二氧化碳逸出,测定前不宜提前打开采样瓶。

(3)甘汞电极中饱和氯化钾液面必须高于汞体,并应有适量氯化钾晶体存在,以保证氯化钾溶液处于饱和状态。

(4)玻璃电极的内电极与玻璃球泡之间以及甘汞电极的内电极与陶瓷芯之间不可存在气泡,以防短路。

(5)玻璃球泡受到污染时,可用稀盐酸溶解无机盐垢后,再用丙酮除去油污(但不能用无水乙醇)。按上述方法处理的电极应在蒸馏水中浸泡一昼夜后再使用。

七、思考题

请简要阐述水样的酸度与pH值之间的区别和联系。

水中悬浮物的测定

悬浮物指水样通过孔径为0.45 μm的滤膜，截留在滤膜上并于103~105 ℃烘干至恒重的固体物质。包括不溶于水中的无机物、有机物及泥沙、黏土、微生物等。水中悬浮物含量是衡量水污染程度的指标之一。悬浮物的富集会导致水体容易发生厌氧发酵，形成水体污染。测量水中悬浮物的含量常使用重量法。

一、实验目的

掌握悬浮物的测定方法和步骤。

二、实验原理

本实验测定的悬浮物为不可滤残渣，用0.45 μm滤膜过滤水样后，经103 ~ 105 ℃烘干至恒重时得到的固体物质。

测定水中悬浮物的方法很多，常采用的方法是重量法与分光光度法。重量法是国标方法，该方法测量精准度相对较高。缺点是测定时间长，工作效率不高。

三、仪器与试剂

1.仪器

(1)烘箱(干燥箱)。

(2)水系微孔滤膜(孔径为0.45 μm，滤膜直径 $\Phi=60$ mm)。

(3)抽滤装置。

(4)称量瓶(内径为30 ~ 50 mm)。

(5)分析天平(精度=0.000 1 mg)。

(6)1 L的量筒。

(7)玻璃干燥器。

(8)无齿扁咀镊子。

四、实验步骤

1.样品采集和保存

所用聚乙烯或硬质玻璃容器要先用洗涤剂清洗，再依次用自来水和蒸馏水冲洗干净。在采样之前，需用即将采集的水样清洗三次，然后，采集具有代表性的水样500 ~ 1 000 mL，盖紧瓶塞。

采集的水样应尽快分析测定。如需放置，应贮存在4 ℃冷藏冰箱中，但最长不得超过七天。

2.滤膜的准备

将滤膜放在称量瓶中,在103～105 ℃烘干0.5~1.0 h,取出放在玻璃干燥器中冷却至室温后称重。重复进行烘干、冷却、称量这三个步骤,直至恒重(两次称量相差的值不超过0.000 2 g)。

3.水样的测定

(1)去除悬浮物后振荡水样,使水样混合均匀,用量筒量取一定量的水样,通过已称至恒重的滤膜过滤。为除去痕量水分,可使用抽滤装置,残渣可用蒸馏水洗3～5次。

(2)用无齿扁咀镊子小心取下滤膜,放入原称量瓶内,在103～105 ℃下烘干1 h以上,取出后放在烘箱里冷却后称重,重复进行烘干、冷却、称量这三个步骤,直至恒重为止(两次称量值相差不超过0.000 4 g)。

五、数据处理

悬浮物质量浓度用C表示,单位为mg/L,按下式计算

$$C = \frac{(A - B) \times 10^6}{V}$$

式中:

C—水中悬浮物质量浓度,mg/L;

A—悬浮物+滤膜+称量瓶重量,g;

B—滤膜+称量瓶重量,g;

V—所用水样体积,mL。

六、注意事项

(1)漂浮或浸没的不均匀固体物质不属于悬浮物,应从采集的水样中除去。

(2)采集水样时不得加入任何保护剂,以防止破坏物质在固、液间的分配平衡。

(3)滤膜上截留过多的悬浮物可能夹带过多的水分,除延长干燥时间外,还可能造成过滤困难,此时可酌情少取水样。但滤膜上截留的悬浮物过少,又会增大称量误差,影响测定精度。一般以截留的悬浮物质量为5～100 mg作为量取水样体积的实用范围。

(4)抽滤后,在把附着有悬浮物的滤膜移入称量瓶加盖时,应留有缝隙,以保证滤膜和样品中水分、湿气能够充分逸出。

七、思考题

请简要说明水体中悬浮物、总残渣和灰分等几个指标的关系。

浊度一散射光式浊度仪法

浊度(Turbidity)是指液体对光线通过时所产生的阻碍程度,测量结果单位为 NTU(散射浊度单位 Nephelometric Turbidity Units),浊度包括悬浮物及胶体微粒对光的散射和吸收。水的浊度不仅与水中悬浮物质的含量有关,而且与它们的大小、形状及折射系数等有关。浊度是

一项重要的水质指标,能反映水受到污染的程度。混浊的水会阻碍光线向水体中的透射,透光层深度减少,影响水生生物的生存。

水体浊度的测定方法通常包括目视比浊法、浊度计法(又称浊度仪法)、色度计法和分光光度计法等。本实验使用的是散射光式浊度仪法,该方法适用于地表水、地下水和海水的浊度的测定,检出限为0.3 NTU。

一、实验目的

(1)理解测定浊度的意义。

(2)掌握浊度的测定原理和步骤。

二、实验原理

散射光式浊度仪的测定原理:当光射入水样时,构成浊度的颗粒物对光发生散射,水样中产生的散射光强度与水样的浊度在一定范围内成正比。此仪器适合测定各种水样的浊度,测定范围为0~40 NTU。

1度(1 NTU)的定义:用浊度仪测定浓度为0.13 mg/L的硅藻土溶液,把所测得值规定为浊度为1度。

三、仪器和试剂

1.仪器

(1)抽滤装置。

(2)滤膜(水系,孔径≤0.45 μm)。

(3)散射光式浊度仪(图2.1)。

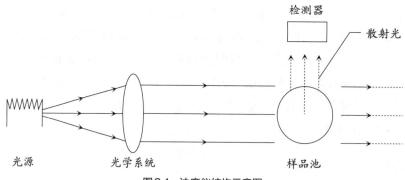

图2.1 浊度仪结构示意图

2.试剂

浊度标准贮备液(4 000 NTU),可购买市售有证标准溶液。

四、实验步骤

1.样品采集和保存

所用聚乙烯或硬质玻璃容器要先用洗涤剂清洗,再依次用自来水和蒸馏水冲洗干净。在采样之前,需用即将采集的水样冲洗三次,然后,采集具有代表性的水样,盖紧瓶塞。

采集的水样应尽快分析测定。如需放置,应贮存在4 ℃冷藏冰箱中,但最长不得放置超过48 h。

2.水样的测定

(1)打开仪器电源,按仪器操作说明书,向样品池中倒入抽滤过的蒸馏水至2/3处,用柔软无尘布擦去样品池外表面的水和指纹后,将样品池放入仪器中,盖上盖子后,对仪器进行校准。

(2)取出样品池,倒掉蒸馏水,用待测水样将样品池润洗2～3次后,装入待测水样。

(3)将装有待测水样的样品池放入仪器中,盖上盖子后,仪器显示的数值即为水样的浊度值。

(4)超过仪器量程范围的水样,可用蒸馏水稀释后再测定。

五、数据处理

通常仪器会直接显示测定结果,无需计算。但经过稀释的水样,按下式进行计算:

$$C = \frac{A \times (B + V)}{V}$$

式中:

C—水样的浊度,度;

A—稀释后水样的浊度,度;

B—稀释水体积,mL;

V—原水样体积,mL。

六、注意事项

(1)比色皿放入样品池前,应注意其透光面要保持清洁干净,不能有污渍和水痕。

(2)透明度的含义与浊度相反,但二者都反映水体中杂质对透过光线的阻碍程度。若实验对浊度的精确要求不高,也可测定水样的透明度值,通过透明度值与浊度换算表查得浊度值。

七、思考题

(1)请分析水体中悬浮物指标和浊度指标在评价水体时,应用范围有什么不同?

(2)浊度值大小与悬浮物含量的多少之间有什么联系?

电导率

电导率(Conductivity)是用来描述物质中电荷流动难易程度的参数。水体中电导率的高低与其含盐浓度的高低、其他会分解为电解质的化学杂质的多少有关。水体的电导率是水体常规水质测定指标之一,通过测量电导率,可以间接计算出水体中所含电解质的浓度,初步确定其水质状况。测定电导率常使用电导仪法。

本方法适用于天然水的电导率的测定。当水样中含有大量悬浮物、油和脂测定时,应先过滤去除悬浮物、萃取去除油和脂后再测定。

一、实验目的

(1)理解测定电导率的意义。

(2)掌握电导率的测定原理和步骤。

二、实验原理

电导率用于表示溶液传导电流的能力。纯水的电导率很小,当溶液中含有无机酸、碱、盐或有机带电胶体时,电导率就增大。电导率常用于间接推测溶液中带电荷物质的总浓度。溶液的电导率取决于带电荷物质的性质和浓度、溶液的温度和黏度等。

电导率的标准单位是S/m(西门子/米),一般实际使用单位为mS/m,常用单位为μS/cm(微西门子/厘米)。

单位间的互换为:1 mS/m=0.01 mS/cm=10 μS/cm。

三、仪器与试剂

1.仪器

(1)电导率仪:误差不超过1%。

(2)温度计:精度为0.1 ℃。

(3)恒温水浴锅:25.0±0.2 ℃。

2.试剂

(1)纯水(电导率小于0.1 mS/m)。

(2)0.010 0 mg/L氯化钾标准溶液。

准确称取0.745 6 g于105 ℃干燥2 h并冷却的氯化钾,将溶于纯水中,于25 ℃温度下定容至1 000 mL,此溶液在25 ℃时电导率为141.3 mS/m。

四、实验步骤

(1)打开电源开关,将温度补偿旋钮调至25 ℃,仪器测量开关置于"校正"的基本挡,调节常数校正钮,使仪器显示1.000;电导率仪的操作应按使用说明书的要求进行。

(2)将测量开关置于"电导"挡,选用合适的量程挡,将清洁电极和探头同时插入被测液体,此时仪器显示的电导率为该液体标准温度(25 ℃)时的电导率。

备注:液体的电导率不同,对应使用电导池常数不同的电极。不同电导率的液体可参照下表2.1选用不同电导池常数的电极。

(3)测量完毕后,将电极取出用去离子水冲洗干净后悬挂在架子上晾干。

表2.1　不同电导池常数的电极的电导率

电导池常数/m⁻¹	电导率/(μS/cm)
0.01	0.05~20
0.10	1~200
1.00	10~10 000
10.00	10^{-4}~10^5

五、数据处理

(1)恒温25 ℃下测定液体的电导率,仪器的读数即为水样的电导率,以 μS/cm 单位表示。

(2)在任意水温下测定且未用温度补偿装置时,必须记录测量时的温度,测定结果按下式计算:

$$K(25\ ℃) = \frac{K_t}{[1 + a(t - 25)]}$$

式中:

$K(25\ ℃)$—液体在25 ℃时电导率,μS/cm;

K_t—液体在 t ℃时的电导率,μS/cm;

a—各种离子电导率的平均温度系数,取值0.022 1/℃;

t—测定时液体的温度(℃)。

六、注意事项

(1)测量时为保证被测溶液不受污染,电极应用去离子水冲洗后再用被测溶液冲洗;

(2)对未知电导率值范围的被测溶液,选择量程时应根据由低到高的原则。在低量程内,若仪器显示屏左侧第一位显示1则表明量程选得太低,应选用高一挡的量程。

(3)浑浊及含油液体一般不用电导仪直接测定,以避免污染电极,影响电导池常数,浑浊液体应过滤后测定。

七、思考题

用电导率仪测定纯水时,随着纯水在空气中放置的时间增加,电导率会增大。请分析产生该现象可能的影响因素有哪些?

水中六价铬的测定

铬是一种坚硬金属,铬离子存在于电镀、冶炼、制革、纺织、制药等工业废水污染的水体中。铬主要以三价和六价两种价态存在于水中。适量的三价铬是对人体有益的,其在糖代谢和脂代谢中发挥特殊作用,而六价铬对人体有致癌的危害。六价铬在水中均以含氧酸根的形式存在,在酸性溶液中主要是橙色的 $Cr_2O_4^{2-}$,在碱性溶液中主要是黄色的 CrO_4^{2-}。

一般可以通过分光光度法、原子吸收法和荧光催化光度法来检测水体中微量铬的含量,本实验适用于测定地面水和工业废水中的六价铬。试样体积为 50 mL,本方法的最小检出量为 0.2 μg 六价铬,最低检出浓度为 0.004 mg/L。使用光程为 10 mm 的比色皿,测定上限浓度为 1.0 mg/L。

一、实验目的

(1)掌握比色分析方法。
(2)掌握校准曲线的制作、显色及分光光度计的使用。
(3)掌握二苯碳酰二肼分光光度法测定水中六价铬的方法。

二、实验原理

分光光度法测定六价铬,常用二苯碳酰二肼作为显色剂。在酸性条件下,六价铬可与二苯碳酰二肼发生显色反应生成紫红色化合物,最长吸收波长为 540 nm,摩尔吸光系数为 $4×10^4 L/(mol·cm)$。

含铁量大于 1 mg/L 的水样显黄色,六价钼、汞也和显色剂反应生成有色化合物,但在本方法中的显色剂在酸度下反应不灵敏。钒含量高于 4 mg/L 时会干扰测定,但钒与显色剂反应后 10 min,可自行褪色。氧化性及还原性物质,如 ClO^-、Fe^{2+}、SO_3^{2-}、$S_2O_3^{2-}$ 等,以及水样有色或浑浊时,会干扰测定结果,需进行预处理。

三、仪器与试剂

1.仪器

(1)可见分光光度计。
(2)50 mL 具塞比色管。
(3)100 mL 棕色试剂瓶。
(4)50 mL 容量瓶。
(5)10 mL 比色管。

所用玻璃器皿要求内壁光洁,且不能用铬酸洗液洗涤,可先用合成洗涤剂洗涤后再用浓硝酸洗涤,然后依次用自来水、蒸馏水淋洗干净。

2.试剂

(1)铬标准贮备溶液(100 μg/mL):称取 0.282 9 g 重铬酸钾于 110 ℃ 干燥 2 h 并冷却至室温,用蒸馏水溶解后移入 1 000 mL 容量瓶中,用蒸馏水定容。

(2)铬标准溶液(1.0 μg/mL):吸取铬标准贮备液 0.5 mL 于 50 mL 容量瓶中,用蒸馏水稀释定容,摇匀。使用当天配制此溶液。

(3)二苯碳酰二肼溶液:称取 1 g 二苯碳酰二肼,溶于 25 mL 丙酮中,加蒸馏水稀释至 50 mL,摇匀,贮于棕色瓶中,置于冰箱中保存。如溶液变色,不宜使用。

(4)(1+1)硫酸溶液。(1+1:该溶液配制时浓硫酸的体积和水的体积比为 1:1)

(5)(1+1)磷酸溶液。

(6)丙酮。

四、实验步骤

1.水样的预处理

(1)不含悬浮物、低色度的清洁地面水样可直接测定。

(2)若水样有颜色但不太深,需取两份水样,两份水样测定操作相同,其中一份试样用 2 mL 丙酮代替显色剂,最后以此水样作为参比,测定待测水样的吸光度。

(3)锌盐沉淀分离法。

对于浊度及色度较大的水样可用此法处理。取适量水样(含六价铬低于 100 μg)于 150 mL 烧杯中,加水至 50 mL,滴加 0.2% 氢氧化钠溶液,调节水样 pH 值为 7~8。在不断搅拌下,滴加氢氧化锌共沉淀剂至 pH 值为 8~9。然后转移至 100 mL 容量瓶中,用水稀释定容。用慢速定量滤纸干过滤,弃用 10~20 mL 初滤液后,从剩余滤液中取出 50 mL 供测定用。

2.校准曲线的绘制

取 8 支 50 mL 比色管,分别加入铬标准使用溶液 0、0.5、1.0、2.0、4.0、6.0、8.0 和 10.0 mL,向每支比色管内加蒸馏水至 40 mL 左右,加入(1+1)硫酸溶液 0.5 mL,(1+1)磷酸溶液 0.5 mL 和二苯碳酰二肼溶液 2 mL(注意加入水和试剂的先后顺序),定容后摇匀。放置 5~10 min,于 540 nm 波长处用 10 mm 或 30 mm 光程的比色皿测定吸光度,并绘制吸光度—六价铬含量的校准曲线。

3.水样的测定

取适量(含六价铬少于 50 μg)无色透明水样或经过预处理的水样,置 50 mL 比色管中,用蒸馏水稀释至 50 mL 标线,先后加入(1+1)硫酸溶液 0.5 mL,(1+1)磷酸溶液 0.5 mL 和二苯碳酰二肼溶液 2 mL(注意加入水和试剂的顺序),定容后摇匀。放置 5~10 min,于 540 nm 波长处用 10 mm 或 30 mm 光程的测定吸光度,并做空白校正,从校准曲线上查得六价铬含量。

五、数据处理

$$c = \frac{m}{V}$$

式中：

c—水中六价铬（Cr^{6+}）的浓度，mg/L；

m—从校准曲线上查得六价铬浓度，μg；

V—水样体积，mL。

六、注意事项

(1)本实验中，包括采样瓶在内的所有器皿都不能用铬酸洗液清洗。

(2)若水样中存在有机物干扰，且不易用锌盐沉淀分离法去除，则可在酸性条件下用高锰酸钾氧化破坏有机物后过滤，再用尿素将过量的高锰酸钾完全中和，将滤液定容，以待测定。

七、思考题

分光光度法测定时，读取的光度值应在什么范围内？如何控制待测水样的吸光度在此范围内？

实验三

水中铁、锰含量的测定

铁、锰是人体不可缺少的微量元素,二者经常共同存在于天然水体中,当人体内进行各种生理活动或者参加户外运动时,它们都起到了不同的作用,并且对人体维持健康至关重要。但含铁、锰量过多,也可能会对人体造成危害,如当铁的浓度超过0.3 mg/L,可使洗涤的衣物以及供水管道染上颜色,达到1 mg/L时水有明显的金属味;而当水中的锰超过0.15 mg/L时,能使固定设备染色,在较高浓度时会使水产生异味。我国《生活饮用水卫生标准》(GB 5749—2022)的要求是铁和锰的上限值分别为0.3 mg/L和0.1 mg/L,根据标准释义,铁和锰指标限值的目的之一是满足水质感官性状方面的要求。

测定水中铁、锰含量常使用火焰原子吸收分光光度法,此外,测定水中铁含量还可以使用硫氰酸钾比色法、铁离子测定仪等,测定水中锰含量还可以使用甲醛肟比色法、高碘酸钾分光光度法等。本实验适用于地面水、地下水及工业废水中铁、锰含量的测定。铁、锰的检测限分别是0.03 mg/L和0.01 mg/L,校准曲线的浓度范围分别是0.1~5.0 mg/L和0.05~3.00 mg/L。

一、实验目的

(1)掌握火焰原子吸收分光光度法的原理。

(2)熟悉火焰原子吸收分光光度仪的使用方法。

(3)掌握水中铁、锰含量的评价标准。

二、实验原理

在空气—乙炔火焰中,铁、锰的化合物易于原子化。可分别于波长248.3 nm和279.5 nm处,测量铁、锰基态原子对铁、锰空心阴极灯特征辐射的吸收。在一定条件下,吸光度与金属浓度为正比关系。

三、仪器与试剂

1.仪器

(1)火焰原子吸收分光光度仪。

(2)铁、锰空心阴极灯。

(3)乙炔钢瓶。

(4)空气压缩机。

(5)仪器操作条件:不同型号仪器的最佳测试条件不同,可由各实验室自己选择,表2.2的测试条件供参考。

（6）比色管，50 mL。

表2.2　原子吸收测定铁、锰的条件

光源	灯电流/mA	测定波长/nm	光谱通带/nm	观测高度/mm	火焰种类
Fe空心阴极灯	12.5	248.3	0.2	7.5	空气—乙炔氧化型
Mn空心阴极灯	7.5	279.5	0.2	7.5	空气—乙炔氧化型

2.试剂

（1）浓硝酸。

（2）浓盐酸。

（3）1% 硝酸（100 mL）。

（4）1% 盐酸（2 500 mL）。

（5）铁标准贮备液：准确称取光谱纯金属铁0.100 0 g，溶于少量王水，加热完全溶解后，用去离子水准确稀释至100 mL。

（6）锰标准贮备液：准确称取0.1000 g光谱纯金属锰（称量前用稀硫酸洗去表面氧化物，再用去离子水洗去酸，烘干。在干燥器中冷却后尽快称取），溶解于10 mL1%硝酸。当锰完全溶解后，用1%盐酸准确稀释至100 mL。

（7）铁、锰混合标准使用液：分别准确移取铁、锰标准贮备液25.00 mL 和12.50 mL，置500 mL容量瓶中，用1%盐酸稀释至标线，摇匀。

四、实验步骤

1.样品预处理

对于没有明显杂质堵塞仪器进样管的清澈水样，可直接进行测定。如测总量或含有机质较高的水样时，必须进行消解。处理时先将水样摇匀，分取适量水样置于烧杯中。每100 mL水样加5 mL硝酸，置于电热板上，在近沸状态下将样品蒸至近干。冷却后，重复上述操作一次。以1%盐酸3 mL溶解残渣，用1%盐酸淋洗杯壁，用快速定量滤纸滤入50 mL容量瓶中，以1%盐酸稀释至标线。

每一批样品，平行测定两个空白实验。

2.校准曲线的绘制

分别取铁、锰混合标准液0、0.2、0.4、0.6、0.8、1.0 mL于50 mL比色管中，用1%盐酸稀释至标线，摇匀。用1%盐酸调零点后，在选定的条件下测定其相应的吸光度，经空白校正后绘制浓度—吸光度校准曲线。

3.样品的测定

在测量标准系列溶液的同时，测定50 mL水样及空白溶液的吸光度。由水样吸光度减去空白吸光度,从校准曲线上求得水样中铁、锰的含量。

五、数据处理

$$c(\text{Fe}) = \frac{m(\text{Fe})}{V(\text{Fe})}$$

$$c(\text{Mn}) = \frac{m(\text{Mn})}{V(\text{Mn})}$$

式中:

$c(\text{Fe})$、$c(\text{Mn})$——分别表示水中铁、锰的浓度,mg/L;

m——由校准曲线查得的铁或锰的质量,μg;

V——水样体积,mL。

六、注意事项

(1)各种型号的仪器,测定条件不尽相同,因此,应根据仪器使用说明书选择合适条件。

(2)当样品的无机盐含量高时,采用氘灯应扣除背景,无此条件时,也可采用邻近吸收线法扣除背景吸收。在测定浓度允许条件下,也可采用稀释方法以减少背景吸收。

(3)硫酸浓度较高时易产生分子吸收,以采用盐酸或硝酸介质为好。

(4)影响铁、锰原子吸收法准确度的主要干扰是化学干扰。当硅的浓度大于 20 mg/L 时,对铁的测定产生负干扰;当硅的浓度大于 50 mg/L 时,对锰的测定也出现负干扰;这些干扰的程度随着硅浓度的增加而增加。如水样中存在 200 mg/L 氯化钙时,上述干扰可以消除。一般来说,铁、锰的火焰原子吸收法的基本干扰不太严重,由分子吸收或光散射造成的背景吸收也可以忽略。但对于含盐量高的工业废水,则应注意基体干扰和采取背景校正。此外,铁、锰的光谱线较复杂,例如,在 Fe 线 248.3 nm 附近还有 248.8 nm 线;在 Mn 线 279.5nm 附近还有 279.8 nm 和 280.1 nm 线,为克服光谱干扰,应选择小的狭缝或光谱通带。

七、思考题

试分析火焰原子吸收分光光度法的优缺点。

实验四

水中阴离子表面活性剂的测定
——一次萃取亚甲蓝分光光度法

　　阴离子表面活性剂是表面活性剂中发展历史悠久、产量大、品种多的一类产品。阴离子表面活性剂按其亲水基团的结构分为磺酸盐和硫酸酯盐等,这两者是阴离子表面活性剂的主要类别。表面活性剂的各种功能主要表现在改变液体表面的液—液界面和液—固界面性质,其中液体的表(界)面性是最重要的。对于水中阴离子表面活性剂的测定方法一般包括可见分光光度法、荧光光度法和色谱法。

　　本实验方法适合低含量的快速分析,适用于测定饮用水、地面水、生活污水及工业废水中的低浓度亚甲蓝活性物质(MBAS),亦即阴离子表面活性物质。在实验条件下,主要被测物是直链烷基苯磺酸钠(LAS)、烷基磺酸钠和脂肪醇硫酸钠,但可能存在一些干扰。当采用 10 mm 光程的比色皿,水样体积为 100 mL 时,本方法的最低检出浓度为 0.05 mg/L LAS,检测上限为 2.0 mg/L LAS。

一、实验目的

(1)明确测定阴离子表面活性剂的意义。

(2)掌握分液漏斗的使用方法。

(3)掌握测定阴离子表面活性剂的方法。

二、实验原理

　　阳离子染料亚甲蓝与阴离子表面活性剂作用,生成蓝色的盐类,统称亚甲蓝活性物质(MBAS)。该生成物可被氯仿萃取,其色度与浓度成正比,用分光光度计在波长 652 nm 处测量氯仿层的吸光度。

三、仪器与试剂

1.仪器

(1)分光光度计:能在 652 nm 进行测量,配有 10 mm 的加盖比色皿。

(2)分液漏斗:250 mL,最好用聚四氯乙烯(PTFE)活塞。

(3)索氏抽提器:150 mL 平底烧瓶,$\Phi 35 \times 160$ mm 抽出筒,蛇形冷凝管。

备注:玻璃器皿在使用前先用水清洗,然后用 10% 的乙醇盐酸清洗,最后用蒸馏水冲洗。

2.试剂

在测定过程中,使用分析纯试剂和蒸馏水。

（1）氢氧化钠（NaOH）：1 mol/L。

（2）硫酸（H₂SO₄）：0.5 mol/L。

（3）氯仿（CHCl₃）。

（4）LAS贮备溶液：1.00 mg/mL。

称取0.100 0 g标准物LAS（平均分子量344.4），溶于50 mL水中，转移到100 mL容量瓶中，用水稀释至标线并混匀。每毫升含1.00 mg LAS。冷藏于4 ℃冰箱中。如需要，每周配制一次。（可直接购买市售有证标液）

（5）直链烷基苯磺酸钠标准溶液：10.0 μg/mL。

准确吸取10.00 mL LAS贮备溶液，用水稀释至1 000 mL，每毫升含10.0 μg LAS。当天配制。

（6）亚甲蓝溶液。

先称取50 g一水磷酸二氢钠（NaH₂PO₄·H₂O）溶于300 mL水中，转移到1 000 mL容量瓶内，缓慢加入6.8 mL浓硫酸（H₂SO₄，ρ=1.84 g/mL），摇匀。另称取0.03 g亚甲蓝（指示剂级），用50 mL水溶解后也移入容量瓶，用水稀释至标线，摇匀。此溶液贮存于棕色试剂瓶中。

（7）酚酞指示剂溶液。

将1.08 g酚酞溶于50 mL 95%的乙醇中，然后边搅拌边加入50 mL水，滤去沉淀物。

（8）玻璃棉或脱脂棉。

在索氏抽提器中用氯仿提取4 h后，取出干燥，保存在清洁的玻璃瓶中待用。（如果萃取液乳化严重，可以先破乳再用脱脂棉过滤，防止乳化悬浮物干扰）

（9）异丙醇。

四、实验步骤

1.样品采集

取样和保存样品应使用清洁的玻璃瓶，并先用甲醇清洗。短期保存建议冷藏在4 ℃冰箱中，如果样品需保存超过24 h，则应采取保护措施。保存期为4 d，加入1%的40%甲醛溶液即可，保存期长达8 d，则需用氯仿饱和水样。

2.样品预处理

本方法目的是测定水样中溶解态的阴离子表面活性剂。在测定前，应将水样预先经中速定性滤纸过滤以去除悬浮物。吸附在悬浮物上的表面活性剂不计在内。

3.测定

（1）绘制校准曲线

取一组分液漏斗10个，分别加入100、99、97、95、93、91、89、87、85、80 mL水，然后分别移入0、1.00、3.00、5.00、7.00、9.00、11.00、13.00、15.00、20.00 mL LAS标准溶液，摇匀。按3.3.2处理每一个标准溶液，以测得的吸光度扣除试剂空白值（零标准溶液的吸光度）后与相应的LAS量（μg）绘制校准曲线。

3.2 水样体积

为了直接分析水和废水样,应根据预计的亚甲蓝表面活性物质的浓度选用水样体积,见下表2.3。

表2.3 MBAS浓度对应的水样体积

预计的MBAS浓度/(mg/L)	水样量/(mL)
0.05~2.0	100
2.0~10	20
10~20	10
20~40	5

注:当预计的MBAS浓度超过2 mg/L时,按上表选取水样量后,用水稀释至100 mL。

(3)测定

将所取水样移至分液漏斗,以酚酞为指示剂,逐滴加入1 mol/L氢氧化钠溶液至水溶液呈桃红色,再滴加0.5 mol/L硫酸到桃红色刚好消失。

加入25 mL亚甲蓝溶液,摇匀后再移入10 mL氯仿,激烈振摇30 s,注意放气。过分摇动会发生乳化,加入少量异丙醇(小于10 mL)可消除乳化现象。加相同体积的异丙醇至所有的标准中,再慢慢旋转分液漏斗,使滞留在内壁上的氯仿液珠降落,静置分层。将三氯甲烷相放入比色皿中,加盖进行测定。

注:如果水相中蓝色变淡或消失,说明水样中MBAS浓度超过了预计量,加入的亚甲蓝全部被反应掉。此时应弃去水样,再取一份较少量的水样重新分析。

(4)空白实验

用100 mL纯水代替所测水样,按3.3的方法进行空白实验。在实验条件下,每10 mm光程长空白实验的吸光度不应超过0.02,否则应仔细检查设备和试剂是否有污染。

在652 nm处,以氯仿为参比液,测定样品、标准溶液和空白实验的吸光度。测定时应使用相同光程的比色皿。每次测定后,用氯仿清洗比色皿。

以水样的吸光度减去空白实验的吸光度后,从校准曲线上查得LAS的质量。

五、数据处理

$$c = \frac{m}{V}$$

式中:

c—水样中MBAS的浓度,mg/L;

m—从校准曲线上得出的LAS质量,μg;

V—水样的体积,mL。

结果大于1时,保留三位有效数字;结果小于1时,保留三位小数。

六、注意事项

(1)本实验中所用到的玻璃器皿不能被各类洗涤剂清洗,使用前应先用水彻底清洗,然后用(1+9)盐酸—乙醇洗涤,最后用水冲洗干净。

(2)绘制校准曲线和水样测定,应使用同一批三氯甲烷、亚甲蓝和洗涤剂。

(3)分液漏斗活塞不得用油脂润滑,可在使用前用三氯甲烷润湿。

(4)本方法的空白吸光度有时会超过0.02,且波动性较大。此时可多做几个空白实验,取均值扣除。

七、干扰及其消除

(1)主要被测物以外的其他有机的硫酸盐、磺酸盐、羧酸盐、酚类以及无机的硫氰酸盐、硝酸盐和氯化物等,它们或多或少地与亚甲蓝作用,生成可溶于氯仿的蓝色络合物,致使测定结果偏高。通过水溶液反洗,可消除这些正干扰(有机硫酸盐、磺酸盐除外),其中氯化物和硝酸盐的干扰大部分被去除。

(2)经水溶液反洗仍未除去的非表面活性物引起的正干扰,可借气提萃取法将阴离子表面活性剂从水相转移到有机相而加以消除。

(3)一般存在于未经处理或一级处理的污水中的硫化物,它能与亚甲蓝反应,生成无色的还原物而消耗亚甲蓝试剂。可将水样调至碱性,滴加适量的过氧化氢(H_2O_2,30%),避免其干扰。

(4)存在季铵类化合物等阳离子物质和蛋白质时,阴离子表面活性剂将与其作用,生成稳定的络合物,而不与亚甲蓝反应,使测定结果偏低。这些阳离子类干扰物可采用阳离子交换树脂(在适当条件下)去除。

八、思考题

为保证实验结果的准确性,在测定环节的操作过程中应注意哪些方面?

实验五

水中总磷的测定

在天然水和废水中,磷以各种磷酸盐的形式存在,它们分为正磷酸盐、缩合磷酸盐(焦磷酸盐、偏磷酸盐和多磷酸盐)和有机结合磷酸盐,其广泛存在于溶液、腐殖质粒子或水生生物中。天然水中磷酸盐含量较低,化肥、冶炼、合成洗涤剂等行业的工业废水及生活污水中常含有大量的磷。磷是生物生长的必需的元素之一。但水体中磷含量过高(超过0.2 mg/L)可造成藻类的过量繁殖,直至其数量达到有害的程度(称为富营养化),造成湖泊、河流透明度降低,水质变差。

当前,正磷酸盐的常用测定方法通常有三种,分别是钒钼磷酸法、钼-锑-钪法和氯化亚锡法。在本实验最低检出浓度为0.01 mg/L(吸光度$A=0.01$时所对应的浓度),测定上限为0.6 mg/L。适用于地面水、生活污水及日化、磷肥、有机加工金属表面磷化处理、农药、钢铁、焦化等行业的工业废水中的总磷的分析。

一、实验目的

(1)掌握水样的消解等预处理方法。

(2)掌握总磷测定的原理和方法。

二、实验原理

在酸性条件下,正磷酸盐与钼酸铵、酒石酸锑氧钾反应,生成磷钼杂多酸,被还原剂抗坏血酸还原后,生成一种叫"磷钼蓝"的蓝色络合物。

砷含量大于2 mg/L有干扰,可用硫代硫酸钠去除。硫化物含量大于2 mg/L有干扰,在酸性条件下通氮气可去除。六价镉大于50 mg/L有干扰,用亚硫酸钠去除。亚硝酸盐大于1 mg/L有干扰,用氧化消解或加氨磺酸均可以去除。铁浓度为20 mg/L会使结果偏低5%;铜浓度达10 mg/L不干扰;氟化物小于70 mg/L是允许的。海水中大多数离子对显色的影响可以忽略。

三、仪器和试剂

1.仪器

(1)可见分光光度计。

(2)调温电炉:1 kW。

(3)50 mL(磨口)具塞比色管。

(4)常规化学玻璃器皿。

2.试剂

（1）过硫酸铵。

（2）（1+1）硫酸、2 mol/L硫酸、2 mol/L盐酸和6 mol/L氢氧化钠。

（3）10 g/L酚酞：0.5 g酚酞溶于45 mL无水乙醇中，加水至50mL。或将0.5 g酚酞溶于50 mL 95%的乙醇中。

（4）混合试剂的配制。

①将8.0 mL的硫酸缓缓加入到20 mL去离子水中，冷却；

②在烧杯中加入15 mL的去离子水，加热至60 ℃。另称取0.5 g的钼酸铵溶于加热好的去离子水中，冷却；

③将步骤①所配的溶液缓缓倒入步骤②所配的溶液中，冷却；

④配制10 mL浓度为0.5%的酒石酸锑钾溶液；

⑤向步骤③所得到的溶液中加入5 mL浓度为0.5%的酒石酸锑钾溶液，定容后，转入棕色试剂瓶中避光保存。

备注：该试剂贮存在棕色的玻璃瓶中，在冷处可保存2个月。

⑥测定水样当天，向50 mL混合试剂中加入0.75 g抗坏血酸，搅拌均匀。

（5）磷酸盐贮备液：将磷酸二氢钾（KH_2PO_4）于110 ℃干燥2 h，并在干燥器中放冷。称取0.219 6 g溶于水，移入50 mL容量瓶中。加（1+1）硫酸0.5 mL，用水稀释至标线。此溶液每毫升含1.0 mg磷（以P计）。本贮备液在玻璃瓶中可贮存至少6个月。

（6）磷酸盐标准溶液：吸取1.00 mL磷酸盐贮备液于100 mL容量瓶中，用水稀释至标线。此溶液每毫升含10.0 μg磷。使用当天配制。

四、实验步骤

1.样品消解

量取一定量的混匀水样（含磷不超过30 μg）于250 mL锥形瓶中，加入数粒玻璃珠。另外量取100 mL蒸馏水于250 mL锥形瓶中作为对照实验。分别向2个锥形瓶中都加2 mol/L硫酸溶液1 mL和3 g过硫酸铵，置电炉上加热煮沸，调节温度使之保持微沸约60 min，期间可补加蒸馏水使最后体积为25~50 mL。冷却后，加1滴酚酞指示剂，滴加6 mol/L氢氧化钠溶液至溶液刚呈微红色，再滴加2 mol/L盐酸溶液使微红色刚好褪去，充分摇匀后转入100 mL容量瓶中，加水稀释至刻度。

2.样品测定

移取25 mL消解完毕的水样至50 mL比色管中，加1 mL混合试剂摇匀，放置10 min，加水稀释至刻度再摇匀，再放置10 min，以空白试剂作对照，用10 mm比色皿，于880 nm波长处测定吸光度（也可选择710 nm波长进行测定）。

3.校准曲线的绘制

取7支50 mL具塞比色管，分别加入磷酸盐标准溶液0、0.50、1.00、1.50、2.00、2.50和3.00 mL，

加水约 25 mL 后,再加 1mL 混合试剂摇匀,放置 10 min,加水稀释至刻度再摇匀,再放置 10 min,以空白试剂作参比,用 10 mm 比色皿,于 880 nm 波长处测定吸光度(也可选择 710 nm 波长进行测定)。

五、数据处理

$$c = \frac{m}{V}$$

式中:

c—总磷含量,mg/L;

m—由校准曲线减去对照实验的吸光度后,从校准曲线上查得的磷量,μg;

V—水样体积,mL。

六、注意事项

水样消解过程中,要控制好温度以保持水样微沸。中途补加蒸馏水时,应将锥形瓶从电炉上取下后,再进行补加。

七、思考题

为什么加入混合试剂后需放置 10 min,再将待测溶液(或待测标液)稀释至刻度?

实验六

水中总氮的测定

总氮是指水体中的氨氮、硝酸盐氮、亚硝酸盐氮和各种有机态氮的总量。水中氮的来源是多方面的,如氨肥的使用、工业污水、垃圾堆放场、人畜粪便、天然有机氮或腐殖质的降解和硝化。氮在水中以无机氮和有机氮两种形态存在,无机氮包括 NH_4^+(或 NH_3)、NO_2^-、NO_3^- 等,有机氮主要有蛋白质、氨基酸、胨、肽、核酸、尿素、硝基、亚硝基、肟、腈等含氮有机化合物。各种形式的氮在一定条件下可以互相转换。测定总氮可在一定程度上反映水体受氨氮污染的情况。

总氮是衡量水体受污染程度和富营养化程度的重要指标之一,水体中含氮量的增加不仅会导致水质下降,而且会使水体中的浮游生物和藻类大量繁殖,消耗水中的溶解氧,从而加速水体的富营养化和水体质量恶化,甚至可能进一步造成"水华"等自然灾害,给人类带来重大的损失。因此,研究并掌握水体中总氮的检测方法,具有重要的意义。测定水中总氮的方法有碱性过硫酸钾消解紫外分光光度法、蒸馏滴定法或分别测定有机氮和无机氮再加和。

一、实验目的

(1)掌握碱性过硫酸钾消解紫外分光光度法测定水中总氮的原理和方法。

(2)熟练掌握紫外分光光度计的工作原理和使用方法。

二、实验原理

在 120~124 ℃下,碱性过硫酸钾溶液使水样中氨、铵盐、亚硝酸盐,以及大部分有机氮化合物转化成硝酸盐,此时可用紫外分光光度法测定硝酸盐氮的含量。硝酸根离子对 220 nm 波长的光有特征吸收,利用它在 220 nm 处的吸光度可定量测定硝酸盐氮的含量。溶解性有机物在 220 nm 处也有吸收,根据实践,一般引入一个经验校正值,该校正值为在 275 nm 波长处(硝酸根离子在此波长处没有吸收)测得吸光度的 2 倍。因此,校正吸光度 $A=A_{220}-2A_{275}$,总氮(以氮计)含量与校正吸光度 A 成正比。

当碘离子含量相对于总氮含量的 2.2 倍以上,溴离子含量相对于总氮含量的 3.4 倍以上时,对测定产生干扰。水样中的六价铬离子和三价铁离子对测定产生干扰,可加入 5% 盐酸羟胺溶液 1~2 mL 消除。

三、仪器和试剂

1.仪器

(1)紫外分光光度计:具备 10 mm 石英比色皿。

（2）具塞磨口比色管：25 mL。

（3）高压蒸汽灭菌器：压力不低于 1.1 kg/cm²，最高工作温度不低于 120 ℃。（图 2.2）

（4）一般实验室常用仪器和设备。

2.试剂

除另有说明外，所用试剂均为分析纯试剂，实验用水为无氨水。

（1）碱性过硫酸钾溶液。

称取 40.0 g 过硫酸钾（含氮量小于 0.000 5%）溶于 600 mL 水中（可置于 50 ℃水浴中加热至全部溶解）；另称取 15.0 g 氢氧化钠（含

图 2.2 高压蒸汽灭菌器

氮量小于 0.000 5%）溶于 300 mL 水中。待氢氧化钠溶液冷却至室温后将两种溶液混合，定容至 1 000 mL，存放于聚乙烯瓶中，可保存一周。

（2）硝酸钾标准贮备液：100.0 mg/L。

称取 0.721 8 g 经 105~110 ℃干燥 2 h 后冷却至室温的优级纯硝酸钾（KNO_3），溶于适量水中，移至 1 000 mL 容量瓶中，用水稀释至标线。加入 1~2 mL 三氯甲烷作为保护剂，在 0~10 ℃暗处保存，可稳定 6 个月。也可直接购买市售有证标准溶液。

（3）硝酸钾标准溶液：10.0 mg/L。

称取 10.00 mL 硝酸钾标准贮备液至 100 mL 容量瓶中，用水稀释至标线，混匀。临用时现配。

（4）（1+9）盐酸。

（5）（1+35）硫酸：。

（6）氢氧化钠：20 mg/L。

四、测定步骤

1.校准曲线绘制

分别量取 0、0.20、0.50、1.00、3.00 和 7.00 mL 硝酸钾标准溶液于 25 mL 具塞磨口比色管中，其对应的总氮（以 N 计）分别为 0、2.00、5.00、10.00、30.00 和 70.00 μg。加水稀释至 10.00 mL，再加入 5.00 mL 碱性过硫酸钾溶液，塞紧管塞，用纱布和线绳扎紧管塞。将具塞磨口比色管置于高压蒸汽灭菌器中，加热至顶压阀吹气，关阀，继续加热至 120 ℃后开始计时，保温在 120~124 ℃之间 30 min。自然冷却，开阀放气，开盖，取出具塞磨口比色管冷却至室温，将管中的液体混匀。

向每个具塞磨口比色管分别加入 1.0 mL（1+9）盐酸，用水稀释至 25 mL 标线，盖塞混匀。以水作参比，用 10 mm 石英比色皿分别测定各溶液在 220 nm 和 275 nm 处的吸光度 A_{220} 和 A_{275}，记录数据。分别计算零浓度（试剂空白）和各标准溶液的校正吸光度（零浓度校正吸光度 $A_b=A_{b220}-2A_{b275}$，标准溶液的校正吸光度 $A_s=A_{s220}-2A_{s275}$）。

以总氮(以N计)质量(μg)为横坐标,以各标准溶液扣除空白后的校正吸光度 A_r($A_r=A_s-A_b$)为纵坐标绘制校准曲线。

2.样品测定

样品先用氢氧化钠溶液或硫酸溶液调至pH值为5~9。取10.00 mL调好pH后样品于25 mL具塞磨口比色管中,按校准曲线同样步骤测定,同时做空白实验。

五、结果处理

首先计算样品和空白实验的校正吸光度的差值,然后按下式计算样品总氮的质量浓度。

$$\rho = \frac{(A_r - a) \times f}{b \times V}$$

式中:

ρ—样品中总氮的质量浓度(以N计),mg/L;

A_r—样品校正吸光度与空白实验校正吸光度的差值;

a—校准曲线的截距;

b—校准曲线的斜率;

V—样品体积,mL;

f—稀释倍数。

六、注意事项

(1)测定应在无氨的实验室环境中进行,避免环境交叉污染对测定结果产生影响。

(2)在碱性过硫酸钾溶液配制过程中,温度过高会导致过硫酸钾分解失效,因此要控制水浴温度在60 ℃以下,而且应待氢氧化钠溶液温度冷却至室温后,再将其与过硫酸钾溶液混合、定容。

七、思考题

(1)当水样有颜色时,用何种方法测定其总氮的含量最合适?

(2)影响测定准确度的因素有哪些?

高锰酸盐指数的测定

高锰酸盐指数(COD_{Mn})表示在一定条件下,用高锰酸钾盐氧化水样中的某些有机物和部分无机还原性物质,由消耗的高锰酸钾量计算相当的氧量。高锰酸盐指数是反映水体中有机及无机可氧化物质污染的常用指标,亦被称为测化学需氧量的高锰酸钾法。由于在规定条件下,水中有机物只能部分被氧化,并不是理论上的需氧量,也不是反映水体中总有机物含量的尺度。因此,用高锰酸盐指数这一术语作为水质的一项指标,有别于重铬酸钾法的化学需氧量(主要应用于工业废水)。

高锰酸盐指数测定方法分为酸性法和碱性法:酸性法适用于氯离子含量不超过300 mg/L的水样(当水样的高锰酸盐指数值超过10 mg/L时,则酌情分取少量试样,并用水稀释后再行测定);当水样中氯离子浓度高于300 mg/L时,应采用碱性介质中氧化的测定方法。在本实验中采用的是酸性法测定水中高锰酸盐指数。

一、实验目的

(1)了解高锰酸盐指数测定的意义。

(2)掌握酸性法和碱性法测定高锰酸盐指数的原理、方法及测定步骤。

二、实验原理

水样中加入硫酸后,加入一定量的高锰酸钾溶液,并在沸水浴中加热反应一定时间(通常为30 min)。剩余的高锰酸钾,被加入的过量的草酸钠溶液还原,再用高锰酸钾溶液回滴过量的草酸钠,通过计算求出高锰酸盐指数。

显然,高锰酸盐指数是一个相对的条件指标,其测定结果与溶液的酸度、高锰酸盐的浓度、加热温度和时间有关。因此,测定时必须严格遵守操作规定,使结果具有可比性。

三、仪器与试剂

1.仪器

(1)沸水浴装置。

(2)250 mL锥形瓶,250 mL容量瓶,广口试剂瓶。

(3)25 mL或50 mL酸式滴定管。(图2.3)

(4)定时钟。

图2.3 酸式滴定管

2.试剂

(1)硫酸,$\rho=1.84$ g/mL。

(2)(1+3)硫酸:20 mL。

1体积硫酸缓慢加到3体积水中:移取5 mL浓硫酸加入到15 mL的去离子水中。

(3)高锰酸钾标准贮备液(1/5KMnO₄=0.1 mol/L)。

称取3.2~3.5 g高锰酸钾(KMnO₄)溶于1.2 L水中,加热煮沸,使体积减小到约1 L,在暗处放置过夜,抽滤后将滤液贮于棕色瓶中保存。

(4)高锰酸钾标准溶液(1/5KMnO₄=0.01 mol/L)。

吸取5 mL 0.1 mol/L高锰酸钾标准贮备液,用水稀释至50 mL,贮于棕色瓶中,在暗处可存放几个月。使用当天应进行标定。

标定方法:移取10 mL浓度为0.01 mol/L草酸钠标准使用液到150 mL的锥形瓶中,加入5 mL (1+3)硫酸,加热至75~85 ℃时立即用浓度约为0.01 mol/L的高锰酸钾溶液滴定至溶液出现粉红色,并保持30 s不褪色,记录消耗的高锰酸钾体积。

(5)草酸钠标准贮备液(1/2Na₂C₂O₄=0.100 0 mol/L)。

称取0.335 3 g在120 ℃烘干2 h并冷却的草酸钠(Na₂C₂O₄,优级纯)溶于水,移入50 mL容量瓶中,用水稀释至标线。混匀后于4 ℃保存

(6)草酸钠标准溶液(1/2Na₂C₂O₄=0.010 00 mol/L)。

吸取0.100 0 mol/L草酸钠溶液5.00 mL移入50 mL容量瓶中,用水稀释至标线。

四、实验步骤

1.水样采集与保存

水样采集后,应加入硫酸使其pH<2,以抑制微生物活动。样品应尽快分析,并在48 h内测定。

2.水样的测定

(1)取100 mL混匀水样(如高锰酸盐指数高于10 mg/L,则酌情少取,并用水稀释至100 mL)于250 ml锥形瓶中。

(2)加入5 mL(1+3)硫酸,混匀。

(3)加入10.00 mL高锰酸钾标准溶液,摇匀,立即放入沸水浴中加热30 min(从水浴重新沸腾起计时)。沸水液面要高于锥形瓶中溶液的液面。

(4)取下锥形瓶,趁热加入10.00 mL草酸钠标准溶液,摇匀。立即用高锰酸钾标准溶液滴定至显粉红色,并保持30 s不褪色。记录高锰酸钾标准溶液液消耗量V_1。

3.空白实验

用100 ml水代替样品,按上述水样的测定步骤进行测定,记录回滴的高锰酸钾溶液体积V_0。

4.高锰酸钾使用液校正系数的测定

向空白实验滴定后的溶液中准确加入10.00 mL草酸钠标准溶液。如果需要，mj 将溶液加热至75~85 ℃，立即用高锰酸钾标准溶液继续滴定至刚出现粉红色，并保持30 s不褪色。记录下此时消耗高锰酸钾溶液的体积V。按下式求得高锰酸钾标准溶液的校正系数(K)。

$$K = 10/V$$

式中：V—高锰酸钾标准溶液消耗量，mL。

备注：由计算校正系数的公式可知，每毫升高锰酸钾标准溶液相当于草酸钠标液的毫升数。

五、数据处理

高锰酸盐指数以每升样品消耗毫克氧数来表示(O_2, mg/L)，又称COD_{Mn}法，按以下方式计算。

1.水样不经稀释

$$I_{Mn} = \frac{\left[(10 + V_1) \times K - 10\right] \times C \times 8 \times 1\,000}{100}$$

式中：

I_{Mn}—高锰酸盐指数(O_2)，mg/L；

V_1—滴定水样时，高锰酸钾溶液的消耗量，mL；

K—校正系数，无量纲；

C—草酸钠标准溶液浓度，mol/L。

2.水样经稀释

$$I_{Mn} = \frac{\left\{\left[(10 + V_1) \times K - 10\right] - \left[(10 + V_0) \times K - 10\right] \times f\right\} \times C \times 8}{V_2}$$

式中：

I_{Mn}—高锰酸盐指数(O_2)，mg/L；

V_1—滴定水样时，高锰酸钾溶液的消耗量，mL；

V_0—空白实验时，高锰酸钾溶液消耗量，mL；

V_2—测定水样时，分取的水样品体积，mL；

f—稀释水样时，蒸馏水在100 mL测定用体积内所占比例[例如：10 mL水样，加90 mL水稀释至100 mL，则f=(100-10) / 100)=0.90]。

六、注意事项

(1)水浴加热完毕后，溶液仍应保持淡红色，如变浅或全部褪去，说明高锰酸钾的用量不够。此时，应将水样稀释倍数放大后再测定，使加热氧化后残留的高锰酸钾为其加入量的1/2~1/3为宜。

(2)在酸性条件下，草酸钠和高锰酸钾的反应温度应保持在60~80 ℃，所以滴定操作必须趁热进行,若溶液温度过低,则需适当加热。

(3)滴定水样时,开始滴定的速度要慢,中间滴定的速度可适当加快呈串珠状,要到滴定终点时,滴速又要放慢,且整个滴定过程最好在 2 min 内完成。

七、思考题

比较 COD_{Mn} 和 COD_{Cr} 两种指标的异同。

实验八

水中五日生化需氧量(BOD_5)的测定

五日生化需氧量(BOD_5)是指在有溶解氧的条件下,好氧微生物分解水中有机物的生物化学过程中所消耗的溶解氧,可以间接表示水中可被微生物降解的有机物的含量,是反映有机物污染的重要类别指标之一。水中BOD_5含量高,耗氧量就高,水中溶解氧下降,水中的各种动物、植物、微生物等会死亡,水就会产生异味、产生有毒有害物质等问题。因此,通过对五日生化需氧量(BOD_5)的监测,可以了解被监测水体的有机污染程度,判定水体质量并及时做好防范措施,同时还可以了解污水的可生化性。

测定BOD_5的方法有稀释与接种法、微生物电极法、活性污泥曝气降解法、库仑滴定法、压差法等。本实验采用稀释与接种法,该方法是测定BOD_5的常用方法,其操作简单且成本较低,便于推广普及,适合大批量水样的分析。

一、实验目的

(1)掌握用稀释与接种法测定五日生化需氧量(BOD_5)的基本原理和操作技能。

(2)了解BOD_5测定的环境意义。

二、实验原理

稀释与接种法是将水样充满完全密闭的溶解氧瓶中,在(20±1)℃的暗处培养5 d±4 h或(2+5) d±4 h[先在0~4℃暗处培养2 d,接着在(20±1)℃的暗处培养5 d,即培养(2+5) d],分别测定培养前后水样中溶解氧的质量浓度,其差值即为所测样品的BOD_5,以每升水样消耗的溶解氧量(mg/L)表示。

某些地表水及大多数工业废水和生活污水,因含有较多的有机物(即BOD_5大于6 mg/L),需要稀释后再培养测定,以保证有充足的溶解氧。稀释的程度应使培养中所消耗的溶解氧不小于2 mg/L,而剩余溶解氧在2 mg/L以上。为了保证水样稀释后有足够的溶解氧,稀释水通常要通入空气或氧气进行曝气,使稀释水中溶解氧接近饱和。稀释水中还应加入一定量的无机营养盐和pH缓冲溶液(磷酸盐、钙、镁和铁盐等),以保证微生物生长的需要。

对于不含或少含微生物的工业废水,如酸性废水、碱性废水、高温废水或经过氯化处理的废水,在测定BOD_5时应进行接种,以引入能分解废水中有机物的微生物。当废水中存在着难以被一般生活污水中的微生物以正常速率降解的有机物或含有剧毒物质时,应将驯化后的微生物引入水样中进行接种。

三、仪器与试剂

1. 仪器

(1) 恒温培养箱:带风扇。

(2) 溶解氧瓶:带水封,容积250~ 300 mL。

(3) 稀释容器:1 000~2 000 mL容量瓶。

(4) 冰箱:有冷藏和冷冻功能。

(5) 溶解氧测定仪。

(6) 虹吸管:供分取水样和添加稀释水。

(7) 曝气装置:空气应过滤清洗。

(8) 滤膜:孔径1.6 μm。

2. 试剂

除另有说明外,所用试剂均为分析纯试剂。

(1) 磷酸盐缓冲溶液:将8.5 g磷酸二氢钾(KH_2PO_4)、21.8 g磷酸氢二钾(K_2HPO_4)、33.4 g七水合磷酸氢二钠(($Na_2HPO_4 \cdot 7H_2O$)和1.7g氯化铵(NH_4Cl)溶于水中,稀释至1 000 mL。此溶液的pH值为7.2。

(2) 硫酸镁溶液:将22.5 g七水合硫酸镁($MgSO_4 \cdot 7H_2O$)溶于水中,稀释至1 000 mL。

(3) 氯化钙溶液:将27.6 g无水氯化钙溶于水中,稀释至1 000 mL。

(4) 氯化铁溶液:将0.25 g六水合氯化铁($FeCl_3 \cdot 6H_2O$)溶于水中,稀释至1 000 mL。

(5) 0.5 mol/L盐酸溶液:将40 mL(ρ=1.18 g/mL)盐酸溶于水中,稀释至1 000 mL。

(6) 0.5 mol/L氢氧化钠溶液:将20 g氢氧化钠溶于水中,稀释至1 000 mL。

(7) 0.025 mol/L的亚硫酸钠溶液:将1.575 g亚硫酸钠溶于水中,稀释至1 000 mL。此溶液不稳定,需使用时配制。

(8) 葡萄糖—谷氨酸标准溶液:将葡萄糖($C_6H_{12}O_6$,优级纯)和谷氨酸($HOOCCH_2CH_2CHNH_2COOH$,优级纯)在130 ℃干燥1 h后,各称取150 mg溶于水中,移入1 000 mL容量瓶内并稀释至标线,混匀,其BOD_5为(210±20) mg/L。此标准溶液临用前配制。

(9) 接种液:可选用以下任一方法获得适用的接种液。

① 城市污水,一般选用生活污水,COD(化学需氧量)不大于300 mg/L, TOC(总有机碳)不大于100 mg/L ,在室温下放置24 h,取上层清液以供后续采用。

② 含城市污水的河水或湖水。

③ 污水处理厂的出水。

④ 当分析含有难降解物质的废水时,在排污口下游3~8 km处取水样作为废水的驯化接种液。也可取中和或经适当稀释后的废水进行连续曝气,每天加入少量该种废水,同时加入适量生活污水,使能适应该种废水的微生物大量繁殖。当水中出现大量絮状物时,表明适用的微生物已进行繁殖,可用作接种液。一般驯化过程需要3~8 d。

四、测定步骤

1.稀释水的配制

在玻璃瓶内装入一定量的水,控制水温在(20±1)℃,然后曝气使水中的溶解氧接近饱和(8 mg/L以上)。瓶口盖以两层经洗涤晾干的纱布,置于20 ℃培养箱中放置一定时间,使水中溶解氧含量达8 mg/L左右。临用前于每升水中加入氯化钙溶液、氯化铁溶液、硫酸镁溶液、磷酸盐缓冲溶液各1.0 mL,并混匀。稀释水的pH值应为7.2,其BOD_5应小于0.2 mg/L。

接种稀释水:取适量接种液,加于稀释水中,混匀。每升稀释水中接种液加入量为:生活污水1~10 mL;河水、湖水10~100 mL。接种稀释水的pH值应为7.2,BOD_5应小于1.5mg/L。接种稀释水配制后应立即使用。

2.稀释倍数的确定

测定水样的TOC、I_{Mn}(高锰酸盐指数)或COD_{Cr},根据水样的类型由表2.4选择BOD_5与TOC、I_{Mn}或COD_{Cr}的比值R,再按下式计算BOD_5的期望值:

$$\rho = R \times Y$$

式中:

ρ——BOD_5的期望值,mg/L;

Y——TOC、I_{Mn}或COD_{Cr},mg/L。

表2.4　典型的比值(R)

水样类型	BOD_5/TOC	BOD_5/I_{Mn}	BOD_5/COD_{Cr}
未处理的废水	1.2~2.8	1.2~1.5	0.35~0.65
生化处理的废水	0.3~1.0	0.5~1.2	0.20~0.35

由算出的BOD_5期望值,按表2.5确定水样的稀释倍数。一个水样一般选择2~3个不同的稀释倍数。

表2.5　测定BOD_5的稀释倍数

BOD_5的期望值/(mg·L^{-1})	稀释倍数	水样类型
10~30	5	河水,生物净化的污水
20~60	10	生物净化的污水
40~120	20	澄清的生活污水或轻度污染的工业废水
100~300	50	轻度污染的工业废水或原生生活污水
200~600	100	轻度污染的工业废水或原生生活污水
400~1 200	200	重度污染的工业废水或原生生活污水
1 000~3 000	500	重度污染的工业废水
2 000~6 000	1 000	重度污染的工业废水

3.水样的预处理

用盐酸或稀氢氧化钠溶液将水样的pH值调至6~8。若水样含有游离氯,则应放置1~2 h,游离氯即可消失。对于游离氯在短时间内不能消散的水样,可加入亚硫酸钠溶液将其除去。亚硫酸钠溶液加入量的计算方法是:取中和好的水样100 mL,加入(1+1)乙酸10 mL,10%碘化钾溶液1 mL,混匀。以淀粉溶液为指示剂,用亚硫酸钠标准溶液滴定游离碘。根据亚硫酸钠标准溶液消耗的体积及其浓度,计算水样中所需加亚硫酸钠溶液的量。

4.培养液的配制

根据确定的稀释倍数和培养液的体积,计算应取水样体积。用虹吸管沿筒壁先引入部分稀释水(或接种稀释水)于1 000 mL容量瓶中,加入需要体积的均匀水样,再引入稀释水(或接种稀释水)至标线,轻轻混匀避免残留气泡。若稀释倍数超过100倍,需进行两步或多步稀释。

5.水样的测定

(1)将配好的培养液以虹吸法转移至两个溶解氧瓶内,使溶解氧瓶充满水样后溢出少许,加塞水封,瓶内不应有气泡。每个稀释倍数均按该法操作,并贴好标签。

(2)取两个溶解氧瓶,用虹吸法装满稀释水(或接种稀释水),加塞水封,作为空白。

(3)每个稀释倍数和空白各取一瓶,立即测定当天溶解氧。将另一瓶放入恒温培养箱中,在(20±1)℃培养5 d+4 h后取出测其溶解氧。

五、结果处理

经稀释后培养的水样:以表格形式列出接种稀释水样在培养前后实测溶解氧数据,然后按下式计算水样BOD$_5$。

$$BOD_5 = \frac{(\rho_1 - \rho_2) - (\rho_3 - \rho_4)f_1}{f_2}$$

式中:

ρ_1—稀释水样在培养前的溶解氧浓度,mg/L;

ρ_2—稀释水样经5 d培养后溶解氧浓度,mg/L;

ρ_3—接种稀释水在培养前的溶解氧浓度,mg/L;

ρ_4—接种稀释水在培养后的溶解氧浓度,mg/L;

f_1—接种稀释水在培养液中所占比例;

f_2—水样在培养液中所占比例。

六、注意事项

(1)严格控制培养温度和时间。

(2)在两个或三个稀释倍数的样品中,凡消耗溶解氧大于2 mg/L或剩余溶解氧大于2 mg/L都有效,计算结果时,应取平均值。结果小于100 mg/L,保留一位小数;结果为100~1 000 mg/L,取整数;结果大于1 000 mg/L,以科学计数法报出。结果还应注明样品是否经过过滤、冷冻或均质化处理。

（3）为检查稀释水和接种液的质量，以及化验人员的操作技术，可将20 mL葡萄糖—谷氨酸标准溶液用接种稀释水稀释至1 000 mL，测其 BOD_5，其结果应为180~230 mg/L。否则，应检查接种液、稀释水或操作技术是否存在问题。

七、思考题

（1）稀释与接种法测定水中五日生化需氧量的影响因素有哪些？

（2）化学需氧量、高锰酸盐指数和五日生化需氧量的关系？

水中石油类的测定

随着石油类物质的广泛应用,石油类物质也会不可避免地进入水体中,石油类污染物在水环境中的环境行为包括:扩散、挥发、溶解、分解、乳化、氧化、生物降解、沉降、吸附与吸收、分配与富集。石油类物质进入水体后,若质量浓度在0.1~0.4 mg/L时,便会在水面形成油膜,从而影响水质,造成水体含氧量低,使水中生物的生活环境受到危害。当水中石油类物质含量超过3 mg/L时,便会严重影响水体的自净。分散油和乳化油会影响鱼类的生长,使鱼苗变畸形,鱼鳃发炎坏死,从而致死。水中的石油类物质来自工业废水和生活污水,其测定方法有重量法、红外分光光度法、非色散红外吸收法、紫外分光光度法等。

一、实验目的

(1)掌握用紫外分光光度法测定水中石油类的原理,以及适用范围。

(2)熟练掌握紫外分光光度计的工作原理和使用方法。

二、实验原理

石油类物质在紫外光区有特征吸收,带有苯环的芳香族化合物,其主要吸收波长为250~260 nm;带有共轭双键的化合物主要吸收波长为215~230 nm。一般原油的两个主要吸收波长为225 nm和254 nm。因此,利用石油类物质对紫外光的特征吸收可测定水样中的石油类含量。本实验采用紫外分光光度法(HJ 970—2018)测定水样中的石油类含量。其测定原理为:在pH≤2的条件下,样品中的油类物质被正己烷萃取,萃取液经无水硫酸钠脱水,再经硅酸镁吸附除去动、植物油类等极性物质后,于225 nm波长处测定吸光度,石油类含量与吸光度的关系符合朗伯—比尔定律,用校准曲线法定量。

本方法适用于地表水、地下水和海水中石油类的测定。当水样体积为500 mL,萃取液体积为25 mL,使用20 mm石英比色皿时,方法的检出限为0.01 mg/L,测定下限为0.04 mg/L。

三、仪器与试剂

1.仪器

(1)紫外分光光度计:波长200~400 nm,并配备20 mm石英比色皿。

(2)分液漏斗:1 000 mL,有聚四氟乙烯旋塞。

(3)锥形瓶:50 mL。

(4)振荡器:转速为300 r/min。

(5)采样瓶:500 mL棕色硬质玻璃瓶。

(6)量筒:1 000 mL。

2.试剂

(1)浓盐酸:ρ(HCl)=1.19 g/mL。

(2)浓硫酸:ρ(H₂SO₄)= 1.84 g/mL。

(3)石油类标准贮备液:ρ=1 000 mg/L。直接购买正己烷体系适用于紫外分光光度法测定的有证标准物质或样品。

(4)正己烷:使用前于波长225 nm处,以水为参比测定透光率,透光率大于90%方可使用,否则需作脱芳处理。

方法为:将500 mL正己烷加入分液漏斗中,再加入25 mL浓硫酸萃洗10 min,弃去硫酸相,重复上述操作,直至硫酸相近无色,再用蒸馏水萃洗3次,至透光率大于90%。

(5)无水硫酸钠:在550 ℃下灼烧4 h,冷却后装瓶,于干燥器内备用。

(6)硅酸镁:150~250 μm(100~60目)。在550 ℃下灼烧4 h,冷却后取适量硅酸镁于磨口玻璃瓶中,根据硅酸镁的质量,按6%的比例加入适量蒸馏水,密塞并充分振荡数分钟,放置12 h,备用。

(7)玻璃棉:用正己烷浸洗至少15 min,晾干后置于干燥玻璃瓶中,备用。

四、测定步骤

1.石油类标准使用液配制

准确移取5.00 mL石油类标准贮备液于50 mL容量瓶中,用正己烷定容。该溶液浓度为100 mg/L。

2.校准曲线绘制

准确移取0、0.25、0.50、1.00、2.00、4.00 mL石油类标准使用液于6只25 mL比色管中,用正己烷稀释至标线,摇匀。标准系列浓度分别为0、1.00、2.00、4.00、8.00、16.00 mg/L。在波长225 nm处,使用20 mm石英比色皿,以正己烷作参比,测定吸光度。以石油类浓度(mg/L)为横坐标,以相应的吸光度为纵坐标,绘制校准曲线。

3.样品制备

(1)采样:采集500 mL样品,加入浓盐酸酸化至pH≤2。

(2)萃取:将500 mL样品全部转移至1 000 mL分液漏斗中,量取25.00 mL正己烷洗涤采样瓶后全部转移至分液漏斗中,充分振摇2 min,其间经常开启旋塞排气,静置分层后,将下层水相全部转移至1 000 mL量筒中,测量样品体积并记录。

(3)脱水:将上层萃取液转移至已加入3 g无水硫酸钠的锥形瓶中,盖紧瓶塞,振摇数次,静置。若无水硫酸钠全部结块,需补加无水硫酸钠直至不再结块。

(4)吸附:继续向萃取液中加入3 g硅酸镁,置于振荡器上,以180~220 r/min的速率振荡20 min,静置沉淀。在玻璃漏斗底部垫上少量玻璃棉过滤,滤液待测。

4. 空白样品制备

以实验用水代替样品,加入浓盐酸酸化至 pH≤2,按上述样品的制备步骤制备空白样品。

5. 样品测定

按照绘制校准曲线的相同步骤进行样品的测定(当样品吸光度大于校准曲线最高点时,用正己烷稀释样品后测定)。

五、结果处理

水中石油类的质量浓度按如下公式计算。

$$\rho = \frac{(A - A_0 - a) \times V_1}{b \times V}$$

式中:

ρ——水中石油类的质量浓度,mg/L;

A——样品的吸光度;

A_0——空白样品的吸光度;

a——校准曲线的截距;

b——校准曲线的斜率;

V_1——萃取液体积,mL;

V——水样体积,mL。

六、注意事项

(1)石英比色皿壁上的沾污会影响测定结果,每次使用前应检查石英比色皿的洁净度。

(2)样品和空白样品制备使用的正己烷应为同一批号,否则会由于空白值不同而产生误差。

(3)有条件时可从污染源或受污染的水体中获得标准油,用于该类水体中石油类的测定。

七、思考题

(1)污水水质复杂,在萃取过程中容易出现乳化现象,用什么方法可以避免其对测定结果造成影响?

(2)紫外分光光度法与其他方法相比有何优缺点?

水中挥发酚的测定

挥发酚是指能随水蒸气蒸馏出,并能和4-氨基安替比林反应生成有色化合物的挥发性酚类化合物,结果以苯酚计。挥发酚属高毒物质,多有恶臭,人体摄入一定量时,会出现急性中毒症状,长期饮用被酚污染的水,可引起头晕、出疹、瘙痒、贫血及各种神经系统症状。生活饮用水和Ⅰ、Ⅱ类地表水水质限值均为 0.002 mg/L,污水中最高允许排放浓度为 0.5 mg/L(一、二级标准)。测定挥发酚的方法有4-氨基安替比林分光光度法、溴化滴定法、气相色谱法等。

一、实验目的

(1)掌握4-氨基安替比林分光光度法测定水中挥发酚的原理。

(2)掌握用蒸馏法预处理水样的方法和用分光光度法测定挥发酚的实验技术。

二、实验原理

地表水、地下水和饮用水宜用萃取分光光度法测定,其测定原理是:被蒸馏出的酚类化合物,于pH值为 10.0±0.2 的介质中,在铁氰化钾存在下,与4-氨基安替比林反应生成橙红色的安替比林染料,用三氯甲烷萃取后,在 460 nm 波长下测定吸光度,用校准曲线法定量。其检出限为 0.000 3 mg/L,测定下限为 0.001 mg/L,测定上限为 0.04 mg/L。

工业废水和生活污水宜用直接分光光度法测定,其测定原理是:样品按上述方法显色后,在 30 min 内,于 510 nm 波长下测定吸光度,用校准曲线法定量。其检出限为 0.01 mg/L,测定下限为 0.04 mg/,测定上限为 2.50 mg/L。

对于质量浓度高于标准测定上限的样品,可适当稀释后进行测定。

三、仪器与试剂

1.仪器

(1)全玻璃蒸馏器:500 mL。

(2)具塞比色管:50 mL。

(3)分光光度计:具 20 mm 比色皿。

2.试剂

除另有说明外,所用试剂均为分析纯试剂,用水均为无酚水。

(1)无酚水:于 1 L 蒸馏水中加入 0.2 g 经 200 ℃活化 0.5 h 的活性炭粉末,充分振摇后,放置过夜。用双层中速滤纸过滤,滤液贮于硬质玻璃瓶中备用。或加氢氧化钠使水呈强碱性,并滴加高锰酸钾至溶液呈紫红色,移入蒸馏瓶中加热蒸馏,收集馏出液备用。

（2）硫酸铜溶液：称取 50 g 硫酸铜（$CuSO_4 \cdot 5H_2O$）溶于水中，稀释至 500 mL。

（3）（1+9）磷酸。

（4）甲基橙指示剂：称取 0.05 g 甲基橙溶于 100 mL 水中。

（5）溴酸钾—溴化钾标准参考溶液[$c(1/6KBrO_3)=0.1$ mol/L]：称取 2.784g 溴酸钾（$KBrO_3$）溶于水中，加入 10 g 溴化钾（KBr），使其溶解，移入 1 000 mL 容量瓶中，稀释至标线。

（6）碘酸钾标准溶液[$c(1/6KIO_3)=0.025\,0$ mol/L]：称取预先经 180 ℃烘干的碘酸钾 0.891 7 g 溶于水，移入 1000 mL 容量瓶中，稀释至标线。

（7）硫代硫酸钠溶液[$c(Na_2S_2O_3) \approx 0.012\,5$ mol/L]：称取 3.1g 五水合硫代硫酸钠，溶于煮沸放冷的水中，加入 0.2 g 碳酸钠，稀释至 1 000 mL，临用前标定。

（8）淀粉溶液：称取 1 g 可溶性淀粉，用少量水调成糊状，加沸水至 100 mL，冷却后，置于冰箱内保存。

（9）苯酚标准贮备液：称取 1.00 g 精制苯酚溶于水中，移入 1 000 mL 容量瓶中，稀释至标线，置于冰箱内备用。该溶液按下述方法标定。

吸取 10.00 mL 苯酚标准贮备液于 250 mL 碘量瓶中，加水稀释至 100 mL，加 10.0 mL 0.1 mol/L 溴酸钾—溴化钾标准参考溶液，立即加入 5 mL 浓盐酸，盖好瓶塞，轻轻摇匀，于暗处放置 15 min。加入 1 g 碘化钾，加塞，轻轻摇匀，于暗处放置 5 min 后，用 0.012 5 mol/L 硫代硫酸钠溶液滴定至淡黄色，加 1 mL 淀粉溶液，继续滴定至蓝色刚好褪去，记录用量。以水代替苯酚标准贮备液做空白实验，记录硫代硫酸钠溶液用量。苯酚标准贮备液浓度按下式计算：

$$\rho = \frac{(V_1 - V_2) \times c \times 15.68}{V}$$

式中：

ρ—苯酚标准贮备液质量浓度，mg/L；

V_1—空白实验消耗硫代硫酸钠溶液体积，mL；

V_2—滴定苯酚标准贮备液时消耗硫代硫酸钠溶液体积，mL；

V—苯酚标准贮备液体积，mL；

c—硫代硫酸钠溶液浓度，mol/L；

15.68—苯酚（$1/6C_6H_5OH$）的摩尔质量，g/mol。

（10）苯酚标准中间液：取适量苯酚标准贮备液，用水稀释至每毫升含 0.010 g 苯酚。使用时当天配制。

（11）氯化铵—氨水缓冲溶液：pH= 10.7。称取 20 g 氯化铵（NH_4Cl）溶于 100 mL 氨水中，密塞，置于冰箱中保存。

（12）4-氨基安替比林溶液：20 g/L。称取 4-氨基安替比林（$C_{11}H_{13}N_3O$）2 g 溶于水中，稀释至 100 mL，置于冰箱内保存。可保存 1 周。固体试剂易潮解、氧化，宜保存在干燥器中。

（13）铁氰化钾溶液：80 g/L。称取 8 g 铁氰化钾{$K_3[Fe(CN)_6]$}溶于水，稀释至 100 mL，置于冰箱内保存，可保存 1 周。

四、测定步骤

1.水样预处理

（1）量取250 mL水样置于蒸馏瓶中，加数粒小玻璃珠以防暴沸，再加两滴甲基橙指示剂，用磷酸调节至pH值为4（溶液呈橙红色），加适量硫酸铜溶液（如采样时已加过硫酸铜，则补加适量）。如加入硫酸铜溶液后产生较多的黑色硫化铜沉淀，则应摇匀后放置片刻，待沉淀后，再滴加硫酸铜溶液，至不再产生沉淀为止。

（2）连接冷凝器，加热蒸馏，收集馏出液250 mL至容量瓶中。蒸馏过程中，如发现甲基橙的橙红色褪去，应在蒸馏结束后，再加1滴甲基橙指示剂。如发现蒸馏后残液不呈酸性，则应重新取样，增加磷酸加入量，进行蒸馏。

2.校准曲线绘制

于一组8支50 mL比色管中，分别加入0、0.50、1.00、3.00、5.00、7.00、10.00、12.50 mL苯酚标准中间液，加水稀释至标线。加0.5 mL氯化铵—氨水缓冲溶液，混匀，此时pH值为10.0±0.2，加1.0 mL 4-氨基安替比林溶液，混匀。再加1.0 mL铁氰化钾溶液，充分混匀，放置10 min后立即于510 nm波长处，用20 mm比色皿，以水为参比，测量吸光度。空白实验应与样品同时测定。

3.水样测定

分取适量馏出液于50 mL比色管中，加水稀释至标线。用与绘制校准曲线相同步骤测定吸光度，计算减去空白实验后的吸光度。空白实验是以无酚蒸馏水代替水样，经蒸馏后，按与水样相同的步骤测定。

五、结果处理

（1）以扣除空白实验后的吸光度为纵坐标，苯酚质量（mg）为横坐标，绘制吸光度—苯酚质量（mg）校准曲线或用最小二乘法回归校准曲线的方程（相关系数应达到0.999以上）。

（2）按下式计算所取水样中挥发酚的质量浓度（以苯酚计，mg/L）。

$$\rho = \frac{A_s - A_b - a}{b \cdot V} \times 1\,000$$

式中：

ρ—水样中挥发酚的质量浓度，以苯酚计，mg/L；

A_s、A_b—分别表示样品和空白溶液的吸光度；

a—校准曲线的截距；

b—校准曲线的斜率；

V—样品体积，mL。

当计算结果小于1 mg/L时，精确至小数点后3位；大于等于1 mg/L时，保留3位有效数字。

六、注意事项

（1）当水样中含有氧化剂（如游离氯）、油类、硫化物、有机或无机还原性物质（如甲醛、亚硫酸盐等）和苯胺类干扰酚的测定时，应在蒸馏前作适当预处理。

（2）如水样含挥发酚质量浓度较高，取适量水样并稀释至 250 mL 再进行蒸馏，则在计算时应乘以稀释倍数。如水样中挥发酚质量浓度低于 0.5 mg/L 时，采用 4-氨基安替比林萃取分光光度法。

七、思考题

（1）对不同测定方法进行比较，分析各测定方法的优缺点。

（2）分析影响 4-氨基安替比林分光光度法测定水中挥发酚的因素。

水中溶解氧的测定（碘量法）

溶解在水中的分子态氧称为溶解氧（Dissolved Oxygen，DO），它跟空气里氧的分压、大气压、水温和水质有密切的关系，在20 ℃、100 kPa下，纯水里溶解氧含量约为9 mg/L。溶解氧值是研究水体自净能力的一种依据，是评价水体污染程度的重要指标，也是衡量水质的综合指标。当水里的溶解氧被消耗，要恢复到初始状态所需时间短时，说明该水体的自净能力强，或者说水体污染不严重。否则说明水体污染严重，自净能力弱，甚至失去自净能力。

测量水中溶解氧的方法通常包括碘量法、电流测定法、荧光法等。本实验采用的碘量法是较早用于测量水中溶解氧的重要方法，也是测量水中溶解氧的基准方法。

一、实验目的

（1）明确溶解氧的测定意义。

（2）掌握碘量法测定溶解氧的方法。

二、实验原理

水样中加入硫酸锰和碱性碘化钾后，水中的溶解氧将低价锰氧化成高价锰，生成四价锰的氢氧化物棕色沉淀。加入浓硫酸后，氢氧化物沉淀溶解，形成可溶性四价锰 $Mn(SO_4)_2$，$Mn(SO_4)_2$ 与碘离子反应释放出与溶解氧量相当的游离碘，以淀粉作指示剂，用硫代硫酸钠滴定释出碘，可计算溶解氧的含量。

相关反应方程式如下：

$$2MnSO_4+4NaOH = 2Mn(OH)_2\downarrow +2Na_2SO_4 \tag{1}$$

$$2Mn(OH)_2+O_2 = 2H_2MnO_3\downarrow \tag{2}$$

$$H_2MnO_3+Mn(OH)_2 = MnMnO_3\downarrow +2H_2O \tag{3}$$

加入浓硫酸使已化合的溶解氧（以 $MnMnO_3$ 的形式存在）与溶液中所加入的碘化钾发生反应而析出碘：

$$2KI+H_2SO_4 = 2HI+K_2SO_4 \tag{4}$$

$$MnMnO_3+2H_2SO_4+2HI = 2MnSO_4+I_2+3H_2O \tag{5}$$

再以淀粉作指示剂，用硫代硫酸钠滴定释放出的碘，计算溶解氧的含量：

$$2Na_2S_2O_3+I_2 = Na_2S_4O_6+2NaI \tag{6}$$

三、仪器与试剂

1.仪器

(1)溶解氧瓶:250~300 mL。

(2)碘量瓶:250~300 mL。

(3)滴定管:25 mL。

(4)锥形瓶:250 mL。

2.试剂

(1)浓硫酸H_2SO_4($\rho = 1.84$ g/mL)。

(2)(1+5)硫酸:移取5 mL浓硫酸和25 mL水于烧杯中。

(3)硫酸锰溶液:称取12 g $MnSO_4 \cdot 4H_2O$或9.1 g $MnSO_4 \cdot H_2O$溶于水中,稀释至25 mL。此溶液加至酸化过的碘化钾溶液中,遇淀粉不会产生蓝色。

(4)碱性碘化钾溶液:称取25 g NaOH溶于15 ~ 20 mL去离子水中,另称取7.5 g KI溶于10 mL水中,待NaOH溶液冷却后,将两溶液合并混匀,用水稀释至50 mL。如有沉淀,静置24 h,倒出上层澄清液,贮于棕色瓶中。用橡皮塞塞紧,避光保存。此溶液酸化后,遇淀粉不会产生蓝色。

(5)1%淀粉溶液:称取0.5 g可溶性淀粉,用少量水调成糊状,用刚煮沸的水稀释至50 mL。

(6)重铬酸钾标准溶液($c = 0.025\,00$ mol/L):称取于105 ~ 110 ℃烘干2 h并冷却的$K_2Cr_2O_7$ 0.122 6 g,溶于水中,转移至100 mL容量瓶中,用水稀释至刻线,摇匀。

(7)硫代硫酸钠溶液:称取0.62 g硫代硫酸钠($Na_2S_2O_3 \cdot 5H_2O$),溶于100 mL煮沸放凉的水中,加入0.02 g碳酸钠,贮于棕色瓶中。在暗处放置,第二天标定。

标定:于250 mL碘量瓶中,加入100 mL水和1 g KI,用移液管吸取10.00 mL 0.025 mol/L $K_2Cr_2O_7$标准溶液、5 mL(1+5)H_2SO_4溶液密塞,摇匀。置于暗处5 min,取出后用待标定的硫代硫酸钠溶液滴定至由棕色变为淡黄色时,加入1 mL淀粉溶液,继续滴定至蓝色刚好褪去为止,记录用量。计算硫代硫酸钠的浓度:

$$c = \frac{10.00 \times 0.025}{V}$$

式中:

c—硫代硫酸钠的浓度,mol/L;

V—滴定时消耗硫代硫酸钠溶液的体积,mL。

四、实验步骤

1.采集水样

用水样冲洗溶解氧瓶后,沿瓶壁直接注入水样至溢流出瓶容积的1/3~1/2左右。注意不要使水样曝气或有气泡残存在溶解氧瓶中。

2.采样现场溶解氧的固定

用刻度吸管吸取1 mL MnSO₄溶液,加入装有水样的溶解氧瓶中,加注时,应将吸管插入液面下。按上述方法,加入2 mL碱性KI溶液。盖紧瓶塞,将溶解氧瓶颠倒数次,静置至少5 min。待沉淀降至瓶内一半时,再颠倒混合一次,待沉淀物下降至瓶底。一般在取样现场固定。固定后的水样避光可保存24 h。

3.析碘

轻轻打开瓶塞,立即用吸管插入液面下加入2.0 mL浓硫酸,小心盖紧瓶塞。颠倒混合,直至沉淀物全部溶解为止。放置暗处5 min。

4.样品的测定

移取100 mL上述溶液于250 mL锥形瓶中,用Na₂S₂O₃标准溶液滴定至溶液呈淡黄色,加入1 mL淀粉溶液。继续滴定至蓝色刚刚褪去,记录硫代硫酸钠标准溶液用量。

五、数据处理

$$c_{溶解氧} = \frac{c \times V \times 8 \times 1\,000}{100}$$

式中:

$c_{溶解氧}$—水中溶解氧的质量浓度,mg/L;

c—硫代硫酸钠标准溶液浓度,mol/L;

V—硫代硫酸钠标准溶液用量,mL。

六、注意事项

(1)本方法适用于测定较清洁水体中的溶解氧含量。水中游离氯、亚铁盐、亚硫酸盐、硫化物和有机物等对测定有干扰,可采用不同的方法消除干扰。

(2)采集水样时,溶解氧瓶应缓缓斜插到水体,使水样沿着瓶壁慢慢注入至溢出溶解氧瓶。注意采集过程中不能有气泡以防水样曝气。

(3)将采集的水样带回实验室,加入浓硫酸使沉淀溶解时,若加入了指定体积的浓硫酸后,水样中还有棕色的絮状物,表明沉淀未完全溶解,此时应酌情补加浓硫酸至沉淀完全溶解。

七、思考题

测定溶解氧时,可能出现棕色沉淀不明显的现象,试分析产生此现象的原因。

实验十二

水中浮游植物、动物的监测

浮游生物是指悬浮在水体中的生物,它们多数个体小,游泳能力弱或完全没有游泳能力,过着随波逐流的生活。浮游生物是水生食物链的基础,在水生生态系统中占有重要地位。浮游生物可划分为浮游植物和浮游动物两大类。

浮游植物是一个生态学概念,是指在水中以浮游方式生活的微小植物,通常浮游植物就是指浮游藻类。在淡水中,浮游植物主要是藻类,它们以单细胞、群体或丝状体的形式出现。叶绿素a是表征浮游植物生物量最常用的指标之一,也是评价水体富营养化水平的常用指标之一。叶绿素a的测定方法有分光光度法、色谱法等,其中分光光度法应用最为广泛。浮游动物是一类经常在水中浮游,本身不能制造有机物的异养型无脊椎动物和脊索动物幼体的总称,表示在水中以浮游方式生活的动物类群,通常通过统计其数量及生物量对其进行监测。本实验采用显微镜计数法统计浮游动物的数量,使用体积法和沉淀体积法统计浮游动物的生物量。许多浮游生物对环境变化的反应很敏感,可作为水质的指示生物,所以在水污染调查中,浮游植物和浮游动物也常被列为主要的研究对象之一。

一、实验目的

(1)了解测定叶绿素a对水中浮游植物监测的意义和方法。

(2)掌握分光光度法测定叶绿素a的原理与操作技术。

(3)学会使用采水瓶、水样固定、浓缩及浮游动物计数框的方法,并掌握水中浮游动物的计数方法和生物量计算方法。

二、实验原理

浮游植物是水生生态系统的初级生产者,而其初级生产水平与叶绿素a含量存在密切关系,因而往往用叶绿素a含量来表示浮游植物的生物量。将一定量样品用滤膜过滤截留藻类,将藻类细胞研磨破碎,用丙酮溶液提取叶绿素,离心分离后分别于750 nm、664 nm、647 nm和630 nm波长处测定提取液吸光度,根据公式计算水中叶绿素a的浓度。

使用0.1 mL计数框计数原生动物,使用1 mL计数框计数轮虫和甲壳动物。生物量是指某一特定时间、某一特定范围内存在的有机体的量。为了正确地评价浮游动物在水生生态结构、功能和生物生产力中的作用,浮游动物生物量可以通过体积法进行测量。

三、仪器与试剂

1.仪器

1.1 水中浮游植物

(1)可见分光光度计及配套石英比色皿。

(2)离心机:离心力可达到1000 g(转速3000～4000 r/min)。

(3)玻璃刻度离心管(15 mL):旋盖材质不与丙酮反应。

(4)研磨装置。

(5)抽滤装置。

(6)聚四氟乙烯有机相针式滤器(0.45 μm)。

(7)表层采样器。

(8)量筒。

(9)铝箔。

(10)微孔滤膜(孔径=0.45 μm)。

(11)玻璃纤维滤膜(0.45～0.70 μm)。

1.2 水中浮游动物

(1)采水器。

(2)(25#)浮游生物网。

(3)筒形分液漏斗。

(4)显微镜。

(5)0.1 mL计数框和1 mL计数框。

(6)解剖镜和目测微尺。

(7)毛细管。

2.试剂

(1)(9+1)丙酮溶液:在900 mL丙酮中加入100 mL蒸馏水。

(2)(1%)碳酸镁悬浊液:称取1.0 g碳酸镁,加入100 mL蒸馏水,搅拌成悬浊液。

(3)(5%)甲醛溶液:移取50 mL甲醛,加入950 mL蒸馏水。

(4)(1%)伊红染料溶液:称取1.0 g伊红染料,加入100 mL蒸馏水,搅拌均匀。

四、实验步骤

(一)水中浮游植物

1.样品的采集

用表层采样器采集水面下0.5 m处的样品,采样体积为1 L或500 mL。如果样品中含沉降性固体(如泥沙等),应将样品摇匀后倒入2 L量筒,避光静置30 min,取水面下5 cm处样品,转移至采样瓶。在每升样品中加入1 mL碳酸镁悬浊液,以防止酸化引起色素溶解。如果水深不足0.5 m,在水深1/2处采集样品,但不得混入水面漂浮物。

2.样品的保存

样品采集后应在0～4 ℃避光保存、运输,24 h内运送至检测实验室过滤(若样品24 h内不能送达检测实验室,应现场过滤,滤膜避光冷冻运输)。样品滤膜于－20 ℃避光保存,14 d内分析完毕。

3.过滤

在过滤装置上装好玻璃纤维滤膜。根据水体的营养状态确定取样体积,见表2.6,用量筒量取一定体积的混匀样品,进行过滤,最后用少量蒸馏水冲洗滤器壁。过滤时负压不超过50 kPa,在样品刚刚完全通过滤膜时结束抽滤,用镊子将滤膜取出,用滤纸吸干滤膜水分。当富营养化水体的样品无法通过玻璃纤维滤膜时,可采用离心法浓缩样品,注意避免叶绿素a的损失及水分对丙酮溶液浓度的影响。

表2.6 过滤样品体积参考

营养状态	富营养	中营养	贫营养
过滤体积/mL	100～200		500～1 000

4.研磨

将样品滤膜放置于研磨装置中,加入3~4 mL丙酮溶液(9+1),研磨至糊状。补加3~4 mL丙酮溶液(9+1),继续研磨,并重复1~2次,保证充分研磨5 min以上。将完全破碎后的细胞提取液转移至玻璃刻度离心管中,用丙酮溶液冲洗研钵及研磨杵,一并转入离心管中,定容至10 mL。叶绿素对光及酸性物质敏感,实验室光线应尽量微弱。

5.浸泡提取

将离心管中的研磨提取液充分振荡混匀后,用铝箔包好,放置于4 ℃避光浸泡提取2 h以上,不超过24 h。在浸泡过程中要颠倒摇匀2～3次。

6.离心

将离心管放入离心机,以离心力1 000 g(转速3 000～4 000 r/min)离心10 min。然后用针式滤器过滤上清液,得到叶绿素a的丙酮提取液(试样),待测。

7.空白试样的制备

用实验用水按照与试样制备相同的步骤进行实验室空白试样的制备。

8.测定

将试样移至比色皿中,以丙酮溶液(9+1)为参比溶液,于750 nm、664 nm、647 nm、630 nm波长处测量吸光度。750 nm波长处的吸光度应小于0.005,否则须重新用针式滤器过滤后测定,同时按照上述步骤完成空白试样的测定。

(二)水中浮游动物

1.样品采集

采集水体中的浮游动物有两种方法：一是用采水器采水后沉淀分离；二是用网过滤(图2.4)。前者适用于原生动物、轮虫等小型浮游动物；后者可用于枝角类、桡足类等甲壳动物。采水层次由水体的深度决定，通常不只采一个表层或一个底层的水样。可以每隔0.5 m或1 m，甚至2 m取一个水样加以混合，然后取一部分用作浮游动物定量(目前计数原生动物、轮虫的水样量以1 L为宜，枝角类、桡足类则以10~50 L较好)。采集浮游动物样品后需要使用5%甲醛溶液进行固定，样品采集后应在0~4 ℃避光保存、运输，24 h内运送至检测实验室过滤。

图2.4　浮游动物采集网

2.样品的沉淀和过渡

(1)沉淀法：在筒形分液漏斗中沉淀48 h后，吸取上层清液，把沉淀浓缩样品放入试瓶中，最后定量至30 mL或50 mL。

(2)过滤法：甲壳动物一般个体较大，在水体中的密度也较低，通常用过滤法浓缩水样。注意：首先必须用25#浮游生物网作为过滤网；其次，应当有过滤网和定性网之分。在不得已的情况下，要先采定量样品，后采定性标本。同时切记用25#网过滤的水样，不能用作计数原生动物或轮虫的定量样品。

3.计数

原生动物、轮虫的计数：计数时，成点样品应充分摇匀，然后用定量吸管吸0.1 mL注入0.1 mL计数框中。在10×20的放大倍数下计数原生动物，在10×10放大倍数下计数轮虫。计数两遍取平均值。

甲壳动物的计数：按上述方法取10~50 L水样，用25#浮游生物网过滤，把过滤物放入标本瓶中，并冲洗3次。如果样品中有过多的藻类则可加伊红染料溶液后再进行计数。计数前应先对样品做定性观察，以熟悉主要种类及其形态特点。当某一个或几个优势种的数目非常多时，可用计数器对其单独计数。一般计数的浮游动物个体数不能少于400。

五、结果计算与数据处理

(一)水中浮游植物

试样中叶绿素a的质量浓度(mg/L)按照下列公式进行计算。

$$\rho_1 = 11.85 \times (A_{664} - A_{750}) - 1.54 \times (A_{647} - A_{750}) - 0.08 \times (A_{630} - A_{750})$$

式中：

ρ_1—试样中叶绿素a的质量浓度，mg/L；

A_{664}—试样在664 nm波长处的吸光度；

A_{647}—试样在647 nm波长处的吸光度；

A_{630}—试样在 630 nm 波长处的吸光度；

A_{750}—试样在 750 nm 波长处的吸光度。

样品中叶绿素 a 的质量浓度（μg/L）按照下列公式进行计算。

$$\rho = \frac{\rho_1 \times V_1}{V}$$

式中：

ρ—样品中叶绿素 a 的质量浓度，μg/L；

ρ_1—试样中叶绿素 a 的质量浓度，mg/L；

V_1—试样的定容体积，mL；

V—取样体积，L。

当测定结果小于 100 μg/L 时，保留至整数位；当测定结果大于或等于 100 μg/L 时，保留 3 位有效数字。

(二)水中浮游动物

把计数获得的结果用下列公式换算为单位体积中浮游动物个数。

$$N = \frac{C \times V_1}{V_2 \times V_3}$$

式中：

N—单位体积中浮游动物个体数，ind./L；

V_1—样品沉淀过滤后的体积，mL；

V_2—采水体积，L；

V_3—计数体积，mL；

C—计数所取得浮游动物的个体数，个。

计算浮游动物的生物量：

(1)体积法：本方法就是把生物体当作一个近似几何图形，按体积公式获得生物体积，并假定相对密度为1，得到其体重。这种方法在原生动物、轮虫中广泛应用。在活体情况下，在解剖镜下将载玻片上的水徐徐吸去，使轮虫仅能做微小范围运动为止，然后把载玻片放在显微镜下（不加盖玻片），用目测微尺测量其长和宽。轮虫的厚度也可通过显微镜微调进行近似测量。

(2)沉淀体积法：把用网具捞取的浮游动物样品放在有刻度的滴定管中，经一定时间沉淀后读出沉淀体积。排水容积法和沉淀体积法所获得的是浮游生物的总体积。如果水体中大型浮游动物占优势，则有较大的正确性。应用本方法时采水量要大，样品量越大数据就越准确。

六、注意事项

(1)采样过程中要做好现场记录，注意要对样品进行正确编号。

(2)750 nm 波长处的吸光度读数用来校正浊度。因为在 750 nm 波长处提取液的吸光度对丙酮与水之比的变化非常敏感,所以丙酮提取液的配制需要严格按照(9+1)进行配比。

(3)在研钵中用丙酮溶液(9+1)提取样品叶绿素时,一定要按实验要求充分研磨。如果研磨操作进行得不充分,叶绿素就无法完全提出,导致实验结果具有较大误差。

(4)浮游动物的测定过程中,过滤后的样品如果暂时不进行计数,需保存于干燥避光的场所。

七、思考题

(1)监测浮游植物除了可以进行水质监测和环境评价,还有什么应用呢?

(2)监测水中浮游植物的生物量的过程中,除了本实验中用到的分光光度法,还有哪些方法可以测定水样叶绿素a的浓度呢?它们各自具有什么样的特点?

实验十三

土壤和沉积物中汞、砷、硒、铋、锑的测定
——微波消解/原子荧光法

重金属污染是指由重金属或其化合物造成的环境污染,主要是采矿、废气排放、污水灌溉和使用重金属超标制品等人为因素所致的。随着经济快速发展,重金属污染已经成为我国土壤和沉积物环境污染的主要问题。土壤中汞的来源十分广泛,包括土壤母质、大气汞的干湿沉降、含汞废水排放、含汞固体废弃物堆积等;砷的污染主要来自于工业污染和农业污染,其中工业污染是由含砷的废水、废气和废渣的排放而造成的,农业污染大部分是使用由含砷农药和杀虫剂所致的。由于汞和砷是高毒元素,在微量水平上就能对农产品产生一定危害。因此土壤中汞和砷的检测已成为农产品、环境检测的必检项目之一。

对土壤和沉积物中的重金属进行测定常使用具有高灵敏度、低检出限的原子荧光法(Atomic Fluorescence Spectrometry, AFS)。本实验中当样品量为 0.5 g 时,测定汞的检出限为 0.002 mg/kg,测定下限为 0.008 mg/kg;测定砷、硒、铋和锑的检出限为 0.01 mg/kg,测定下限为 0.04 mg/kg。

一、实验目的

(1)掌握土壤和沉积物样品的采集和保存方法。

(2)掌握微波消解预处理土壤和沉积物样品的方法。

(3)熟悉原子荧光光度计的操作使用方法。

二、实验原理

样品经微波消解后,试液进入原子荧光光度计,在硼氢化钾溶液的还原作用下,生成砷化氢、铋化氢、锑化氢和硒化氢气体,汞被还原成原子态。在氩氢火焰中形成各元素对应的基态原子,在元素灯(汞、砷、硒、铋、锑)发射光的激发下产生原子荧光,原子荧光强度与试液中元素含量成正比。

三、仪器与试剂

1. 仪器

(1)恒温水浴装置。

(2)分析天平:精度为 0.000 1 g。

(3)原子荧光光度计:载气和屏蔽气为氩气,其纯度≥99.99%。

(4)微波消解仪:温度精度可达±2.5 ℃。

(5)实验室常用设备。

2.试剂

除非另有说明,分析时均使用符合国家标准的优级纯试剂,实验用水为蒸馏水。

(1)浓盐酸:$\rho(HCl)$=1.19 g/mL。

(2)浓硝酸:$\rho(HNO_3)$=1.42 g/mL。

(3)氢氧化钾(KOH)。

(4)硼氢化钾(KBH_4)。

(5)(5+95)盐酸溶液:量取25 mL浓盐酸用蒸馏水稀释至500 mL。

(6)(1+1)盐酸溶液:量取500 mL浓盐酸用蒸馏水稀释至1 000 mL。

(7)硫脲(CH_4N_2S):分析纯。

(8)抗坏血酸($C_6H_8O_6$):分析纯。

(9)硼氢化钾(KBH_4)溶液 A:ρ=10 g/L。

称取0.5 g氢氧化钾放入盛有100 mL蒸馏水的烧杯中,玻璃棒搅拌待完全溶解后再加入称好的1.0 g硼氢化钾,搅拌溶解。此溶液当日配制,用于测定汞。

(10)硼氢化钾(KBH_4)溶液 B:ρ=20 g/L。

称取0.5 g氢氧化钾放入盛有100 mL蒸馏水的烧杯中,玻璃棒搅拌待完全溶解后再加入称好的2.0 g硼氢化钾,搅拌溶解。此溶液当日配制,用于测定砷、硒、铋、锑。

备注:也可以用氢氧化钠、硼氢化钠配制硼氢化钠溶液。

(11)硫脲和抗坏血酸混合溶液。

称取硫脲和抗坏血酸各10 g,用100 mL蒸馏水溶解,混匀,当日配制。

(12)汞标准固定液(简称固定液)。

将0.5 g重铬酸钾溶于950 mL实验水中,再加入50 mL浓硝酸,混匀。

(13)金属标准贮备液:ρ=100.0 mg/L。

购买市售有证的汞、砷、硒、铋、锑标准贮备液

(14)汞标准使用液:ρ= 10.0 μg/L。

用固定液稀释汞标准贮备液100倍,然后再稀释100倍得到。

(15)砷、硒、铋、锑标准使用液:ρ= 100.0 μg/L。

移取各相应的标准贮备液5.00 mL,置于500 mL的容量瓶中,加入100 mL(1+1)盐酸溶液,用实验用水定容至标线,混匀,配制成浓度为1.00 mg/L的中间液。再取此中间液10.00 mL,置于100 mL容量瓶中,用实验用水定容至标线,混匀。临用时现配。

四、实验步骤

1.样品采集和制备

选用适当的采样工具,按照土壤和沉积物采样的相关要求进行采集,将采集后的样品在

实验室中风干、破碎、过筛、保存。整个过程中应避免沾污和待测元素损失。

备注:在样品风干前,应进行含水量的测定实验,得到干物质的含量,以便后续处理数据。

2.样品的微波消解

称取风干、过筛后的样品0.1~0.5 g(精确至0.000 1 g,样品中元素含量低时,可将样品称取量提高至1.0 g)置于微波消解仪的杯中,用少量实验用水润湿。在通风柜中,先加入6 mL浓盐酸,再慢慢加入2 mL浓硝酸,混匀使样品与消解液充分接触。若有剧烈化学反应,待反应结束后再将溶样杯置于消解罐中密封。将消解罐装入消解罐支架后放入微波消解仪的炉腔中,确认主控消解罐上的温度传感器及压力传感器均已与系统连接好。按照表2.7推荐的升温程序进行微波消解,程序结束后冷却。待罐内温度降至室温后从通风柜中取出,消解罐缓慢泄压放气,打开消解罐盖。

表2.7　微波消解升温程序

步骤	升温时间/min	升温目标/℃	保持时间/min
1	5	100	2
2	5	150	3
3	5	180	25

把玻璃小漏斗插于50 mL容量瓶的瓶口,用慢速定量滤纸将消解后溶液进行过滤后转移入容量瓶中,用实验用水洗涤溶样杯及沉淀,将所有洗涤液合并到容量瓶中,最后用实验用水定容至标线,混匀后作为试液备用。

3.待测样品溶液的制备

分取10.0 mL试液置于50 mL容量瓶中,按照表2.8加入盐酸、硫脲+抗坏血酸混合溶液,混匀。室温放置30 min,用实验用水定容至标线,混匀。

表2.8　定容50 mL时试剂加入量　　　　　　　　　　　　　　单位:mL

名称	汞	砷、铋、锑	硒
盐酸	2.5	5.0	10.0
硫脲+抗坏血酸混合溶液	—	10.0	—

备注:室温低于15 ℃时,置于30 ℃水浴中保温20 min。

4.测定

(1)原子荧光光度计的调试。

原子荧光光度计开机预热,按照仪器使用说明书设定灯电流、负高压、载气流量、屏蔽气流量等工作参数,参考条件见表2.9。

表2.9　原子荧光光度计的工作参数

元素名称	灯电流/mA	负高压/V	原子化器温度/℃	载气流量/(mL/min)	屏蔽气流量/(mL/min)	灵敏线波长/nm
汞	15~40	230~300	200	400	800~1 000	253.7
砷	40~80	230~300	200	300~400	800	193.7
硒	40~80	230~300	200	350~400	600~1 000	196.0
铋	40~80	230~300	200	300~400	800~1 000	306.8
锑	40~80	230~300	200	200~400	400~700	217.6

(2)校准系列的制备。

①汞的校准系列。

分别移取0.50、1.00、2.00、3.00、4.00、5.00 mL汞标准使用液于50 mL容量瓶中,再分别加入2.5 mL浓盐酸,用实验用水定容至标线,混匀。

②砷的校准系列。

分别移取0.50、1.00、2.00、3.00、4.00、5.00 mL砷标准使用液于50 mL容量瓶中,分别加入5.0 mL浓盐酸、10.0 mL硫脲和抗坏血酸混合溶液,室温放置30min(室温低于15 ℃时,置于30 ℃水浴中保温20 min),用实验用水定容至标线,混匀。

③硒的校准系列。

分别移取0.50、1.00、2.00、3.00、4.00、5.00 mL硒标准使用液于50 mL容量瓶中,分别加入10.0 mL浓盐酸,室温放置30 min(室温低于15 ℃时,置于30 ℃水浴中保温20 min),用实验用水定容至标线,混匀。

④铋的校准系列。

分别移取0.50、1.00、2.00、3.00、4.00、5.00 mL铋标准使用液于50 mL容量瓶中,分别加入5.0 mL浓盐酸、10.0 mL硫脲和抗坏血酸混合溶液,用实验用水定容至标线,混匀。

⑤锑的校准系列。

分别移取0.50、1.00、2.00、3.00、4.00、5.00 mL锑标准使用液于50 mL容量瓶中,分别加入5.0 mL浓盐酸、10.0 mL硫脲和抗坏血酸混合溶液,室温放置30 min(室温低于15 ℃时,置于30 ℃水浴中保温20 min),用实验用水定容至标线,混匀。

汞、砷、硒、铋、锑的校准系列溶液浓度见表2.10。

表2.10　各元素校准系列溶液浓度　　　　　　　　　　单位：μg/L

元素	校准系列						
汞	0.00	0.10	0.20	0.40	0.60	0.80	1.00
砷	0.00	1.00	2.00	4.00	6.00	8.00	10.00
硒	0.00	1.00	2.00	4.00	6.00	8.00	10.00
铋	0.00	1.00	2.00	4.00	6.00	8.00	10.00
锑	0.00	1.00	2.00	4.00	6.00	8.00	10.00

（3）绘制校准曲线。

以硼氢化钾溶液为还原剂（注意测汞和测定其他元素的还原剂浓度不同）、(5+95)盐酸溶液为载流，由低浓度到高浓度顺次测定校准系列标准溶液的原子荧光强度。用扣除零浓度空白的校准系列原子荧光强度为纵坐标，溶液中相对应的元素浓度（μg/L）为横坐标，绘制校准曲线。

（4）测定。

将制备好的溶液导入原子荧光光度计中，按照与绘制校准曲线相同的仪器工作条件进行测定。如果被测元素浓度超过校准曲线浓度范围，应稀释后重新进行测定。

同时将制备好的空白溶液导入原子荧光光度计中，按照与绘制校准曲线相同的仪器工作条件进行测定。

（5）空白实验。

按照与样品制备、微波消解和测定相同的试剂和步骤进行空白实验。

五、数据处理

1. 土壤样品的结果计算

土壤中元素（汞、砷、硒、铋、锑）含量按照下式进行计算。

$$\omega_1 = \frac{(\rho - \rho_0) \times V_0 \times V_2}{m \times w_{dm} \times V_1} \times 10^{-3}$$

式中：

ω_1—土壤中元素的含量，mg/kg；

ρ—由校准曲线查得测定溶液中元素的浓度，μg/L；

ρ_0—空白溶液中元素的测定浓度，μg/L；

V_0—微波消解后溶液的定容体积，mL；

V_1—分取溶液的体积，mL；

V_2—分取后测定溶液的定容体积，mL；

m—称取样品的称样量，g；

w_{dm}—样品的干物质含量，%。

2.沉积物样品的结果计算

沉积物中元素(汞、砷、硒、铋、锑)含量按照下式进行计算。

$$\omega_2 = \frac{(\rho - \rho_0) \times V_0 \times V_2}{m \times (1-f) \times V_1} \times 10^{-3}$$

式中:

ω_2——沉积物中元素的含量,mg/kg;

ρ——由校准曲线查得测定溶液中元素的浓度,μg/L;

ρ_0——空白溶液中元素的测定浓度,μg/L;

V_0——微波消解后溶液的定容体积,mL;

V_1——分取溶液的体积,mL;

V_2——分取后测定溶液的定容体积,mL;

m——称取样品的称样量,g;

f——样品的含水率,%。

备注:当测定结果小于1 mg/kg时,小数点后数字最多保留至三位;当测定结果大于1 mg/kg时,保留三位有效数字。

六、注意事项

(1)在实验中选择合适的校准曲线浓度系列,以及适宜的称样量是保证测定结果准确性的一种重要手段。一般情况下,我们会让测定值落在校准曲线中间,以此保证测定的值更加准确。

(2)实验室环境因素主要是温度和湿度。湿度过大,会引起散射干扰,造成荧光猝灭,导致荧光信号降低。严格控制仪器室内温度在15~30 ℃,湿度不大于75%。

(3)由于吸附效应会使得砷和汞在仪器管道内累积,因此在每次实验结束后,需对仪器进行清洗。可以选择用10%的优级纯硝酸和1%的还原剂对空白样品测定20~30次,然后再用纯水清洗。玻璃器皿在使用前需要用30%的优级纯硝酸浸泡24 h,并用超纯水多次冲洗,以减小汞砷的记忆效应。

七、思考题

(1)测定土壤和沉积物中的汞和砷,除本实验所用方法外,还有什么测定方法?

(2)请以As的形态和价态变化为例,阐述原子荧光法测定砷的实验原理。

实验十四

沉积物和土壤中总有机碳的测定

总有机碳(Total Organic Carbon,TOC)是指水体或者是沉积物中溶解性和悬浮性有机物含碳的总量。TOC是一个快速检测的综合指标,它以碳的数量表示水中或者沉积物中有机物的总量。通常TOC的指数可以作为评价水体或者沉积物中有机物污染程度的重要依据。

土壤、沉积物等地质样品中的TOC含量是研究岩石圈、海洋、土壤、生态系统等多种碳库的一个重要参数,其测定也是环境分析测定的基本项目之一。随着全球碳循环和碳汇研究的深入,有机碳含量的测定手段越来越多样化,精密度和准确度也越来越高。总有机碳含量的测定方法包括直接氧化有机碳,从而通过测定氧化剂的消耗量来求得有机碳含量,或通过去除样品中的无机碳后测定剩余总碳含量而得到有机碳的含量。根据样品自身特点选择不同氧化剂和测定方法,能够有效快速地测定总有机碳含量,为土地调查和能源研究提供可靠的资料。

测定沉积物中的TOC有湿式氧化法和干式氧化法。本实验中沉积物和土壤中总有机碳的测定采用"有机物的滴定燃烧氧化—非分散红外法"。

一、实验目的

(1)掌握燃烧氧化测定沉积物和土壤中TOC的原理及方法。

(2)了解TOC测定仪测定样品总有机碳的使用方法。

(3)了解TOC在环境科学研究中的意义。

二、实验原理

风干后的沉积物和土壤样品在富含氧气的载气中加热至680 ℃以上,样品中的有机碳被氧化为二氧化碳,将产生的二氧化碳导入非分散红外检测器,在一定浓度范围内,二氧化碳的红外线吸收强度与其浓度成正比,根据二氧化碳产生量计算沉积物和土壤中的总有机碳含量。

三、仪器与试剂

1.仪器

(1)总有机碳测定仪:带有固体燃烧装置,可加热至680 ℃以上,温度可调节,精度1 ℃;具有非分散红外检测器,并附带石英杯。

(2)天平:精度为0.000 1 g。

(3)土壤筛:2 mm(10 目)、0.097 mm(160 目),不锈钢材质。

(4)微量注射器:200 μL。

(5)一般实验室常用仪器和设备。

2.试剂

(1)无二氧化碳水:临用现制,电导率不大于0.2 mS/m(25 ℃)。

(2)蔗糖溶液(10.0 g/L):称取2.375 g已在104 ℃烘干2 h的蔗糖($C_{12}H_{22}O_{12}$),溶于适量水,移至100 mL容量瓶中,用水(1)稀释至标线,混匀。常温下保存,有效期为两周。

(3)磷酸溶液(5%):量取59 mL浓磷酸85 %,优级纯)溶于700 mL(1)水中,冷却至室温后,用水稀释至1 000 mL。常温下保存,有效期为两周。

(4)载气:氮气(纯度99.99%)。

(5)助燃气:氧气(纯度99.99%)。

四、实验步骤

1.样品的前处理

以土壤为例,将土壤样品置于风干盘中,平摊成2~3 cm厚的薄层,先剔除植物、昆虫、石块等残体,用铁锤或瓷质研磨棒压碎土块,每天翻动几次,自然风干。

充分混匀风干土壤,采用四分法,取其两份,一份留存,一份研磨至全部过2 mm(10目)土壤筛。取10~20 g过筛后的土壤样品,研磨至全部过0.097 mm(160目)土壤筛,装入棕色具塞玻璃瓶中,待测。

2.调试仪器

按照总有机碳测定仪使用说明书设定条件参数并进行调试。

3.绘制校准曲线

用移液管分别准确量取0、0.5、1.0、2.5、5.0、10.0 mL蔗糖溶液于10.0 mL容量瓶中,用水稀释至标线,配制成浓度分别为0、0.5、1.0、2.5、5.0、10.0 g/L的校准系列。用微量注射器取200 μL校准系列于垫上少量玻璃毛的石英杯中,其对应有机碳含量分别为0、0.10、0.20、0.50、1.0和2.0 mg,将石英杯放入总有机碳测定仪,依次从低浓度到高浓度测定校准系列的响应值,以有机碳质量(mg)为横坐标,对应的响应值为纵坐标绘制校准曲线。

4.测定

称取过160目土壤筛的试样0.05 g,精确到0.000 1 g,放入垫上少量玻璃毛的石英杯中,并缓慢滴加磷酸溶液,至样品无气泡冒出。将石英杯放入总有机碳测定仪,测定响应值。同时用200 μL水代替样品,进行空白对照实验。

备注:当样品浓度较高时,可适当减少试样取样量,但能小于0.01g。

五、数据处理

沉积物中有机碳含量ω_{oc}(以碳计,质量分数),按照下式进行计算。

$$m_1 = m \times \frac{w_{dm}}{100}$$

$$\omega_{oc} = \frac{(A - A_0 - a)}{b \times m_1 \times 1\,000} \times 100$$

式中：

m_1—试样中干物质的质量,g;

m—试样取样量,g;

w_{dm}—土壤样品的干物质含量(质量分数),%;

ω_{oc}—土壤样品中有机碳的含量(以碳计,质量分数),%;

A—样品响应值;

A_0—空白样品响应值;

a—校准曲线的截距;

b—校准曲线的斜率。

当测定结果小于1%时,保留到小数点后三位;当测定结果大于等于1%时,保留三位有效数字。

六、注意事项

(1)按照仪器使用说明书规定,按时更换二氧化碳吸附剂、高温燃烧管中的催化剂等。总有机碳测定仪的使用对环境的温度和湿度有一定的要求:环境温度应在20 ℃左右,湿度在60%以下。

(2)样品要充分混匀风干,使其均质化。样品颗粒越小,燃烧氧化反应的效率越高,结果准确性越高。

(3)标准溶液的配制必须准确。另外,载气的纯度直接影响测量结果的准确性。

七、思考题

(1)除了TOC的指数外,还有哪些指标可以用来评价水体或者沉积物中有机物的污染程度?

(2)本实验中测定沉积物中的TOC参考的是燃烧氧化—非分散红外法,除此之外,重铬酸钾—氧化还原容量法同样是测定沉积物中TOC的常见方法,你认为该方法的原理是什么呢?

实验十五

水中多环芳烃的测定

多环芳烃(Polycyclic Aromatic Hydrocarbons,PAHs)是指两个及以上苯环以稠环形式相连的化合物,是目前环境中普遍存在的污染物质。按照苯环的连接方式不同,多环芳烃可分为两类:第一类为稠环芳烃,即相邻的苯环至少有2个共用碳原子的多环芳烃,其性质介于苯和烯烃之间,如萘、蒽、菲、苯并[a]芘等;第二类是苯环直接通过单键联合,或通过一个或几个碳原子连接的碳氢化合物,称为孤立多环芳烃,如联苯、三联苯等。通常所说的PAHs均指稠环芳烃,多环芳烃大多具有大的共轭体系,因此其溶液具有一定荧光,且化学性质稳定,不易水解。

水体中的PAHs呈3种状态:吸附在悬浮性固体上、溶解于水中以及呈乳化状态。由于PAHs在水中的溶解度小,它在地表水中浓度很低,但PAHs易从水中分配到生物体内或沉积物中,通过食物链或其他途径进入人体,从而损伤生殖系统,导致皮肤癌、肺癌、上消化道肿瘤、动脉硬化、不育症等病症。因此多环芳烃引发的环境污染越来越受到人们的重视,它已成为世界许多国家的优先监测物。由于苯并[a]芘是第一个被发现的环境化学致癌物,占全部致癌性多环芳烃的1%~20%,而且致癌性很强,故常以苯并[a]芘作为多环芳烃的代表。

气相色谱-质谱法作为一种定性定量分析多环芳烃类物质的重要手段,已经用于固体废物、土壤和沉积物中多环芳烃的检测。2020年,气相色谱—质谱法也被提出运用到水质多环芳烃的检测中,其优势是定性准确,在不能完全将干扰物分离的情况下仍可以准确定量。

一、实验目的

(1)掌握气相色谱—质谱法测定水中多环芳烃的原理和方法。
(2)掌握气相色谱—质谱仪器的结构和基本操作流程。
(3)掌握用液液萃取法富集、浓缩水体中多环芳烃类污染物的方法。

二、实验原理

多环芳烃极易溶于环己烷、二氯甲烷、正己烷等有机溶剂,本实验采用二氯甲烷萃取水样中的多环芳烃,经硅胶柱或氟罗里硅土柱净化、浓缩定容,用气相色谱分离,质谱检测,根据保留时间、特征离子及不同离子丰度比定性,内标法或外标法定量。

三、仪器与试剂

1.仪器

(1)气相色谱—质谱仪:具有分流或不分流进样口、程序升温功能,采用电子轰击电离源

（EI源）。

（2）色谱柱：石英毛细管色谱柱，30 m（长）×0.25 mm（内径）×0.25 μm（膜厚），固定相为5 %苯基95 %二甲基聚硅氧烷，或其他等效的毛细管色谱柱。

（3）固相萃取装置：硅胶小柱。

（4）自动进样器。

（5）浓缩装置：旋转蒸发仪、氮吹浓缩仪或其他性能相当的设备。

（6）1~2 L分液漏斗。

（7）一般实验室常用仪器和设备。

2.试剂

（1）二氯甲烷：色谱纯。

（2）正己烷：色谱纯。

（3）氯化钠：优级纯，使用前用马弗炉在400 ℃下烘烤2 h，冷却后于磨口玻璃瓶中密封保存。

（4）无水硫酸钠：分析纯，使用前用马弗炉在400 ℃下烘烤4 h，冷却后于磨口玻璃瓶中密封保存。

（5）多环芳烃标准贮备液：ρ=2 000 μg/mL。

直接购买市售有证标准溶液，溶剂为二氯甲烷或甲苯。包括萘、苊烯、苊、芴、菲、蒽、荧蒽、芘、䓛、苯并[a]蒽、苯并[b]荧蒽、苯并[k]荧蒽、苯并[a]芘、二苯并[a,h]蒽、苯并[g,h,i]苝、茚并[1,2,3-cd]芘。

（6）多环芳烃标准使用液：ρ=10.0 μg/mL。

移取多环芳烃标准贮备液250 μL，于50 mL 容量瓶中，用正己烷定容，混匀。

（7）内标贮备液：ρ=2 000 μg/mL。

直接购买市售有证标准溶液，含萘-d_8、苊-d_{10}、菲-d_{10}、䓛-d_{12}和苝-d_{12}。

（8）内标使用液：ρ=20.0 μg/mL。

取 500 μL 内标贮备液于50 mL 容量瓶中，用正己烷定容，混匀。

（9）高纯氦气：纯度≥99.999 %。

（10）高纯氮气：纯度≥99.999 %。

四、实验步骤

1.样品采集与保存

样品采集符合部分国标或行标的相关规定。样品必须采集在预先洗净烘干的棕色玻璃采样瓶中，采样前不能用水样预洗采样瓶，以防止样品的沾染或吸附。采样瓶要完全注满，不留气泡。

样品运输过程中应密封、避光、4 ℃以下冷藏。运至实验室后，如不能及时分析，应于4 ℃以下避光冷藏，在7 d内萃取（测定萘在4 d内萃取），萃取液应4 ℃以下避光保存，在40 d内分析完毕。

2.样品的预处理

摇匀水样,量取 1 000 mL(萃取所用水样体积根据水质情况可适当增减)至 2 L 分液漏斗中,依次加入 30 g 氯化钠、50 mL 二氯甲烷,振摇 10 min,静置 5 min 分层,收集二氯甲烷有机相于接收瓶中,重复萃取两遍,合并有机相,向二氯甲烷有机相中加入 3 g 无水硫酸钠,稍稍摇动后放置 20 min,经浓缩装置浓缩至约 3 mL,转移到试管中,以 N_2 气吹脱浓缩至 1 mL。再加入 10 mL 正己烷,以 N_2 气吹脱浓缩至 1mL。

硅胶小柱预先用 4 mL 二氯甲烷冲洗,再用 10 mL 正己烷平衡,待柱内充满正己烷后关闭流速控制阀,浸润 5 min,打开控制阀,弃去流出液。待净化柱中填料即将暴露于空气中之前,将浓缩后的样品萃取液转移至柱内,接收流出液。用 1.0 mL 正己烷洗涤装样品的浓缩瓶 2 次,将洗涤液一并转移至柱内,然后用 10.0 mL 二氯甲烷—正己烷混合溶剂洗脱,待洗脱液流过净化柱后关闭流速控制阀,浸润 5 min,再打开控制阀,继续接收洗脱液至完全流出。洗脱液浓缩、定容至 1.0 mL,加入 10.0 μL 内标使用液,转移至样品瓶中进行 GC-MS(气相色谱—质谱法)测定。

3.空白样品的制备

用实验用水代替样品,按照与样品制备相同的步骤进行实验室空白样品的制备。

4.GC-MS 分析

气相色谱参考条件:进样口温度(290 ℃);进样方式(不分流进样);进样量(2.0 μL);柱温(60 ℃保持 1 min,以 10 ℃/min 升温到 280 ℃,以 5 ℃/min 升温到 300 ℃,保持 5 min);载气(高纯氦气,流量为 1.0 mL/min)。

质谱参考条件:传输线温度(280 ℃);离子源温度(300 ℃);离子源电子能量(70 eV);扫描方式[选择离子扫描(SIM)或全扫描];其余参数参照仪器使用说明书进行设定。

5.校准曲线的绘制

分别移取适量多环芳标准使用液,用正己烷稀释配制标准系列,标准系列浓度依次为 10.0、25.0、50.0、100.0、250.0、500.0 μg/L,每 1.0 mL 标准溶液加入 10.0 μL 内标使用液。按仪器参考条件进行分析,得到不同浓度标准溶液的质谱图,记录目标化合物与内标物的保留时间和定量、定性离子峰面积。以目标化合物浓度与内标浓度的比值为横坐标,目标化合物和内标的定量离子峰面积比值为纵坐标,用最小二乘法绘制校准曲线。多环芳烃标准溶液的总离子色谱图如图 2.5 所示。

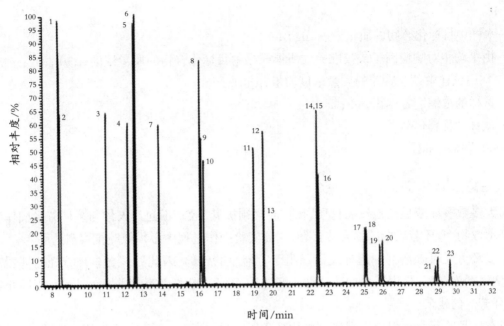

1—萘-d_8(内标);2—萘;3—2-氟联苯(替代物);4—苊烯;5—苊-d_{10}(内标);6—苊;7—芴;8—菲-d_{10}(内标);9—菲;10—蒽;11—荧蒽;12—芘;13—对三联苯-d_{14}(替代物);14—苯并[a]蒽;15—䓛-d_{12}(内标);16—䓛;17—苯并[b]荧蒽;18—苯并[k]荧蒽;19—苯并[a]芘;20—苝-d_{12}(内标);21—茚并[1,2,3-cd]芘;22—二苯并[a,h]蒽;23—苯并[g,h,i]苝。

图2.5 多环芳烃标准溶液选择离子扫描离子流图

6.样品的测定

按照与校准曲线的建立相同的仪器条件进行样品的测定。记录定性、定量离子的峰面积和保留时间。

7.空白样品的测定

按照与样品测定相同的仪器条件进行实验室空白样品的测定。

五、数据处理

1.定性分析

通过样品中目标物与校准系列中目标物的保留时间、质谱图、碎片离子质荷比及其相对丰度等信息的比较,对目标物进行定性。应多次分析标准溶液得到目标物的保留时间均值,以平均保留时间±0.03倍的标准偏差为保留时间窗口,样品中目标物的保留时间应在其范围内。

2.定量分析

根据定量离子的峰面积,采用内标法定量。样品中多环芳烃的质量浓度:

$$\rho = \frac{(\rho_i - \rho_0) \times V \times F \times 1\,000}{V_s}$$

式中：

ρ—水样中目标化合物的质量浓度，ng/L；

ρ_i—由平均相对响应因子或校准曲线所得样品中目标化合物的质量浓度，μg/L；

ρ_0—空白试样中萘、芴、菲的质量浓度均值，μg/L；

V—试样的浓缩定容体积，mL；

F—试样的稀释倍数；

V_s—取样体积，mL。

六、注意事项

（1）大多数多环芳烃是强致癌物质，操作时必须极其小心，不允许人体与多环芳烃固体物质、溶剂萃取物、多环芳烃标准物直接接触，因此实验操作过程中必须佩戴抗溶剂的手套。

（2）多环芳烃可随溶剂一起挥发而黏附于容器瓶的外部，因此处理含多环芳烃的容器需以铬酸洗液浸泡过夜，再用清水冲洗和纯水润洗后，置于110 ℃烘箱中烘烤2 h以上，以防止容器中多环芳烃的残余。

（3）在样品的萃取过程中出现严重乳化现象时，可采用搅动、离心、超声等方法破乳，也可采用冷冻的方法破乳。此外测定苯并[a]芘等高沸点多环芳烃时，可通过萃取2 000 mL水样，浓缩定容至0.5 mL来降低检出限。

（4）实验期间必须测定一种或几种浓度的标准溶液来检验校准曲线或响应因子。如果某一化合物的响应值与标准值间的偏差大于10 %，则必须用新的标准溶液来绘制该化合物新的校准曲线或求出新的响应因子。

七、思考题

（1）除了液液萃取方法外，PAHs的富集浓缩还有哪些方法，各有哪些优缺点？

（2）实验过程中，哪些步骤会引入实验误差，应如何尽量避免？

实验十六

水中化学需氧量(COD)的测定

化学需氧量(Chemical Oxygen Demand,简称COD)是指水体中易被强氧化剂(一般采用重铬酸钾)氧化的还原性物质所消耗的氧化剂的量,结果折合成氧的量(以 mg/L 计)。化学需氧量是评定水质污染程度的重要综合指标之一,反映了水受还原性物质污染的程度,这些物质包括有机物、亚硝酸盐、亚铁盐、硫化物等。化学需氧量值越高,表示水中污染物越多。水体中有机物含量过高可降低水中溶解氧的含量,当水中溶解氧消耗殆尽时,会导致水生生物缺氧死亡,水质腐败变臭。

水样化学需氧量的测定,由于加入氧化剂的种类及浓度、反应溶液的酸度、反应温度和时间以及催化剂的不同而获得不同的结果。因此,化学需氧量亦是一个条件性指标,必须严格按操作步骤进行。

目前化学需氧量测定的标准方法重铬酸盐法为代表,此外还有氯气校正法、快速消解分光光度法、库伦法等。重铬酸盐法因氧化率高、再现性好、准确可靠,成为社会普遍公认的经典标准方法。本实验参考重铬酸钾法进行化学需氧量的测定。

一、实验目的

(1)了解COD作为水质污染程度评价指标的意义。

(2)掌握重铬酸钾法测定COD的原理和操作技术。

二、实验原理

在水样中加入已知量的重铬酸钾溶液,并在强酸介质下以银盐作催化剂,经沸腾回流后,以试亚铁灵为指示剂,用硫酸亚铁铵滴定水样中未被还原的重铬酸钾,根据硫酸亚铁铵的用量计算出水样中还原性物质消耗氧的量。

三、仪器与试剂

1.仪器

(1)回流装置:带有 250 mL 磨口锥形瓶的全玻璃回流装置,如图2.6(如取样量在 30 mL 以上,采用 500 mL 锥形瓶的全玻璃回流装置)。

(2)加热装置:电炉或其他等效消解装置。

(3)分析天平:感量为 0.000 1 g。

(4)酸式滴定管:25 mL 或 50 mL。

图2.6 回流装置

（5）一般实验室常用仪器和设备。

2.试剂

（1）重铬酸钾标准溶液：称取预先在120 ℃烘12 h的基准或优级纯重铬酸钾12.258 g溶于水中，移入1 000 mL容量瓶，稀释至标线，摇匀。

（2）试亚铁灵指示液：称取1.458 g邻菲罗琳、0.695 g七水合硫酸亚铁（$FeSO_4 \cdot 7H_2O$）溶于水中，稀释至100 mL，贮于棕色瓶内。

（3）硫酸亚铁铵标准溶液：称取39.0 g硫酸亚铁铵溶于水中，边搅拌边缓慢加入20 mL浓硫酸，冷却后移入1 000 mL容量瓶中，加水稀释至标线，摇匀。每次使用前，用重铬酸钾标准溶液标定。

标定方法：取5.00 mL重铬酸钾标准溶液置于锥形瓶中，用水稀释至约50 mL，缓慢加入15 mL浓硫酸，混匀，冷却后加入3滴（约0.15 mL）试亚铁灵指示液，用硫酸亚铁铵溶液滴定，溶液的颜色由黄色经蓝绿色变为红褐色即为终点，记录硫酸亚铁铵溶液的消耗量V（mL）。硫酸亚铁铵标准溶液浓度按下式计算。

$$c = \frac{0.25 \times 5}{V}$$

式中：

c——硫酸亚铁铵标准溶液的浓度，mol/L；

V——硫酸亚铁铵标准溶液的用量，mL。

（4）硫酸—硫酸银溶液：称取10 g硫酸银，加到1 L硫酸中，放置1~2 d使之溶解，并混匀，使用前小心摇匀。

（5）硫酸汞：称取10 g硫酸汞，溶于100 mL硫酸溶液中，混匀。

四、实验步骤

1.样品采集与保存

按照相关规定进行水样的采集和保存。采集水样的体积不得少于100 mL。采集的水样应置于玻璃瓶中，并尽快分析。如不能立即分析，应加入硫酸至pH<2，置于4 ℃下保存，保存时间不超过5 d。

2.样品的测定

取20.00 mL混合均匀的水样置于250 mL磨口的回流锥形瓶中，准确加入10.00 mL重铬酸钾标准溶液及数粒防暴沸玻璃珠或沸石，连接磨口回流冷凝管，从冷凝管上口慢慢地加入30 mL硫酸—硫酸银溶液，轻轻摇动锥形瓶使溶液混匀，加热回流2 h（自开始沸腾时计时）。

备注：对于化学需氧量高的废水样，可取上述操作所需体积1/10的废水样和试剂，于15 mm × 150 mm硬质玻璃试管中，摇匀，加热后观察是否变成蓝绿色。如溶液显蓝绿色，再适当减少废水取样量，直到溶液不变蓝绿色为止，从而确定废水样分析时应取用的体积。稀释时，所取废水样量不得少于5 mL，如果化学需氧量很高，则废水样应多次逐级稀释。

废水中氯离子质量浓度超过30 mg/L时，应先把0.4 g硫酸汞加入回流锥形瓶中，再加

20.00 mL 废水(或适量废水稀释至 20.00 mL),摇匀。以下操作同上。

冷却后,用 90 mL 水从上部慢慢冲洗冷凝管壁,取下锥形瓶。溶液总体积不得少于 140 mL,否则酸度太大会使滴定终点不明显。

溶液再度冷却后,加 3 滴试亚铁灵指示液,用硫酸亚铁铵标准溶液滴定,溶液的颜色由黄色经蓝绿色变为红褐色即为终点,记录硫酸亚铁铵标准溶液的用量。

3.空白实验

测定水样的同时,以 20.00 mL 蒸馏水,按同样的操作步骤作空白实验。记录滴定空时硫酸亚铁铵标准溶液的用量。

五、数据处理

化学需氧量的浓度计算公式如下。

$$COD = \frac{(V_0 - V_1) \times c \times 8 \times 1\,000}{V}$$

式中:

c—硫酸亚铁铵标准溶液的浓度,mol/L;

V_0—滴定空白时硫酸亚铁铵标准溶液用量,mL;

V_1—滴定水样时硫酸亚铁铵标准溶液用量,mL;

V—水样的体积,mL。

六、注意事项

(1)消解时应使溶液缓慢沸腾,不宜爆沸。如出现爆沸,说明溶液中出现局部过热,会导致测定结果有误。爆沸的原因可能是加热过于激烈,或是防爆沸玻璃珠的效果不好。

(2)试亚铁灵指示液的加入量虽然不影响临界点,但应该尽量一致。当溶液的颜色先变为蓝绿色再变到红褐色即达到终点,几分钟后可能还会重现蓝绿色。

(3)对于化学需氧量小于 50 mg/L 的水样,应改用 0.025 0 mol/L 重铬酸钾标准溶液,回滴时用 0.01 mol/L 硫酸亚铁铵标准溶液。

(4)回流冷凝管不能用软质乳胶管,否则容易老化、变形,使冷却水流动不通畅。

(5)用手摸冷却水时不能有明显的温差感,否则测定结果偏低。

(7)滴定时不能激烈摇动锥形瓶,瓶内试液不能溅出水花,否则影响测定结果。

七、思考题

(1)测定水中 COD 的意义何在? 有哪些方法可以测定 COD?

(2)采用重铬酸钾回流法测定化学需氧量时,加入 $K_2Cr_2O_7$ 标准溶液后,水样变为蓝绿色,说明什么? 遇到这种情况该怎么办?

水中氟化物的测定

氟元素是人体必不可少的元素之一,但浓度过低或过高都会对人体健康造成影响。当氟元素摄入不足时,牙齿和骨骼的强度通常会受到影响,也容易引发龋齿、骨质疏松等病症。而当长期摄入高浓度的氟元素时,会引起氟斑牙,有研究表明高浓度氟会造成儿童智力发育不足。在日常生活中,除了口腔护理产品例如牙膏中会添加氟化物以外,氟化物也广泛存在于自然水体中,有色冶炼、钢铁和铝加工、焦炭、玻璃、陶瓷、电镀、化肥及农药生产的废水及含氟矿物的废水都存在氟化物。世界卫生组织对水质中的氟化物或氟离子含量做了限定要求,要求氟含量不高于1.5 mg/L。我国也发布过标准《生活饮用水卫生标准》(GB 5749—2022)对饮用水中的氟化物做了限定,标准中要求生活饮用水中氟化物含量小于1.0 mg/L。

通常氟离子含量的测定方法有比色法、氟离子选择电极法、氟试剂分光光度法、离子色谱法等。随着技术的不断进步,离子色谱法以其高灵敏度、低检出限、简便快捷等优点广泛应用于水质中各种离子的检测。本实验采用离子色谱法对水中氟化物进行测定。

一、实验目的

(1)掌握离子色谱法测定水中氟离子含量的原理和方法。

(2)熟练掌握离子色谱仪的基本操作。

二、实验原理

本法利用离子交换的原理,对F^-进行定性和定量分析。水样注入碳酸盐—碳酸氢盐溶液并流经系列的离子交换树脂,基于待测阴离子对低容量强碱性阴离子树脂(分离柱)的相对亲和力不同而彼此分开。被分开的阴离子,在流经强酸性阳离子树脂(抑制柱)室,被转换为高电导的酸型,碳酸盐—碳酸氢盐则转变成弱电导的碳酸(清除背景电导),用电导检测器测量被转变为相应酸型的阴离子,与标准进行比较,根据保留时间定性,峰高或峰面积定量。

三、实验仪器与设备

1.仪器

(1)离子色谱仪(电导检测器)。

(2)色谱柱:阴离子分离柱和阴离子保护柱。

(3)微膜抑制器或抑制柱。

(4)记录仪、积分仪(或微机数据处理系统)。

(5)淋洗液或再生液贮存罐。

(6)微孔滤膜过滤器。

(7)预处理柱:预处理柱管内径为 6 mm,长 90 mm。上层填充吸附树脂(约 30 mm 高),下层填充阳离子交换树脂(约 50 mm 高)。

(8)一般实验室常用仪器和设备。

2.试剂

(1)淋洗贮备液:分别称取 19.078 g 碳酸钠和 14.282 g 碳酸氢钠(均在 105 ℃烘干 2 h,干燥器中放冷),溶解于水中,移入 1 000 mL 容量瓶中,用水稀释到标线,摇匀。贮存于聚乙烯瓶中,在冰箱中保存。此溶液碳酸钠浓度为 0.18 mol/L,碳酸氢钠浓度为 0.17 mol/L。

(2)淋洗使用液:取 10 mL 淋洗贮备液置于 1 000 mL 容量瓶中,用水稀释到标线,摇匀。此溶液碳酸钠浓度为 0.001 8 mol/L,碳酸氢钠浓度为 0.001 7 mol/L。

(3)再生液:吸取 1.39 mL 浓硫酸溶液于 1 000 mL 容量瓶中(瓶中装有少量水),用水稀释到标线,摇匀(使用新型离子色谱仪可不用再生液)。

(4)氟离子标准贮备液(ρ=1 000.0 mg/L):称取 2.210 0 g 氟化钠(105 ℃烘干 2 h)溶于水,移入 1 000 mL 容量瓶中,加入 10.00 mL 淋洗贮备液,用水稀释到标线。贮存于聚乙烯瓶中,置于冰箱中冷藏。

(5)氟离子标准使用液(ρ=5 mg/L):从氟离子标准贮备液中吸取 5.00 mL 于 1 000 mL 容量瓶中,加入 10.00 mL 淋洗贮备液,用水稀释到标线。此混合溶液中氟离子的浓度为 5.00 mg/L。

(6)吸附树脂 50~100 目。

(7)阳离子交换树脂 100~200 目。

(8)弱淋洗液:c=0.005 mol/L。

四、实验步骤

1.样品的采集与保存

水样采集后应经 0.45 μm 微孔滤膜过滤,保存于清洁的玻璃瓶或聚乙烯瓶中,不能贮存于玻璃瓶中,因为玻璃与氟化物发生反应。不能用强酸或洗涤剂清洗该容器,这样会使许多离子残留在容器内,对分析带来干扰。采集后应尽快分析,否则应在 4 ℃下存放,一般不加固定剂。

2.色谱参考条件

淋洗液浓度:碳酸钠为 0.001 8 mol/L,碳酸氢钠为 0.001 7 mol/L。

再生液流速:根据淋洗液流速来确定,使背景电导达到最小值。

电导检测器:根据样品浓度选择量程。

进样量:25 μL。

淋洗液流速:1.0 ~ 2.0 mL/min。

3.校准曲线的制备

用氟离子标准使用液配制成6个浓度的校准系列,分别为0、0.20、0.50、1.00、2.00、5.00 mg/L,从低到高浓度按设定的色谱条件,每个浓度进样3次,测量峰面积后求其平均值,将氟离子的质量浓度作为横坐标,峰面积作为纵坐标,绘制校准曲线。

4.样品的测定

对未知样品最好先稀释50至100倍后进样,再根据所得结果选择适当的稀释倍数,以减少对色谱柱寿命的影响。

5.空白样品的测定

以实验用水代替水样,经0.45 μm微孔滤膜过滤后进行色谱分析。

五、数据处理

F⁻的质量浓度计算公式如下。

$$c = \frac{h - h_0 - a}{b} \times f$$

式中:

h—水样的峰面积;

h_0—空白试样的峰面积;

b—回归方程的斜率;

a—回归方程的截距;

f—稀释倍数。

六、注意事项

(1)因CO_3^{2-}、HCO_3^-、$HCOO^-$、CH_3COO^-保留时间与氟离子的保留时间很接近,色谱峰难于分离,很容易产生干扰。所以在测定以上离子样品后,一定要反复清洗,再测定氟离子。如样品中同时含有氟离子和这些离子,样品需进行预处理。

(2)在使用离子色谱仪测定水中氟化物时,常用碳酸钠—碳酸氢钠作为淋洗液,可见有一个反方向的干扰峰,为水负峰。若待测离子的保留时间与此峰接近,就会受到干扰。消除水负峰的方法是用淋洗液配制标准溶液和测定样品,使标准溶液和样品具有相同的淋洗液浓度。往往将水样和淋洗液贮备液按(99+1)的体积混合,以去除水负峰的干扰。

(3)测定进样时,整个过程不能让气泡进入色谱柱和抑制器,否则会影响色谱分离效果。做校准曲线和测定样品应在同一灵敏度下进行,否则会产生误差。自动进样器、进样瓶需彻底清洗干净。

(4)不被色谱柱保留或弱保留的阴离子会干扰F⁻的测定。如乙酸与F⁻产生共淋洗,若这种共淋洗的现象显著,可改用弱淋洗液(0.005 mol/L的$Na_2B_4O_7$)进行洗脱。

(5)每个工作日或淋洗液、再生液改变时及分析20个样品后,都要对校准曲线进行校准。

假如响应值或保留时间与预期值相差超过 10 %,必须用新的校准标样重新测定。如果其测定结果差值仍超过 10 %,则需要重新绘制该离子的校准曲线。

七、思考题

(1)F⁻的保留时间是多少?

(2)用离子色谱法测定氟化物的过程中哪些干扰因素会影响实验结果?

实验十八

水中总大肠菌群的测定实验

水体中微生物污染的主要来源是土壤以及人类、动物的排泄物,而排泄物因含有致病微生物(如沙门氏菌、志贺菌、霍乱弧菌、副溶血弧菌等),会导致某些肠道传染病的传播,对水体的污染影响较大。实际工作中,由于无法对水体中各种可能存在的致病微生物进行监测,因此,一般选择有代表性的一种或一类微生物作为指示菌进行监测,以此反映水体微生物污染情况。目前,总大肠菌群作为卫生质量的重要指标,已被广泛应用于水质、食品卫生安全评价工作中。

传统意义上来说,总大肠菌群是指一类在37 ℃下,24 h内发酵乳糖、产酸产气、需氧及兼性厌氧的革兰氏阴性无芽孢杆菌,包括大肠埃希氏菌、柠檬酸杆菌、克雷伯菌属、肠杆菌属等细菌。

随着检测技术的发展,总大肠菌群的定义也随之变化,多管发酵检测法对总大肠菌群的定义是指一类在37 ℃下,24 h内发酵乳糖、产酸产气、需氧及兼性厌氧的革兰氏阴性无芽孢杆菌;滤膜检测法对总大肠菌群的定义是在添加乳糖的选择性培养基上37 ℃培养24 h,能形成特征性菌落的需氧和兼性厌氧的革兰氏阴性无芽孢杆菌;而酶底物法对总大肠菌群的定义为在选择性培养基上能产生β-半乳糖苷酶(β-D-galactosidase)的细菌群组。

多管发酵法、滤膜法和酶底物法是现行检测总大肠菌群的常用方法,前两种方法有检测周期长、程序繁琐的缺点,难以适应目前快速评价水体卫生的需要。而酶底物法根据酶原反应来检测,检出限低,准确度高,操作简便,适用于实验室监测和应急监测,可以在24 h内快速评价水体卫生情况,大大提高了时效性。

一、实验目的

(1)掌握配制培养基、灭菌、包扎仪器以及倒平板等常规实验操作。

(2)学习并掌握总大肠菌群的测定原理和方法。

二、实验原理

在特定温度下培养特定的时间,总大肠菌群能产生β-半乳糖苷酶,将选择性培养基中的无色底物邻硝基苯-β-D-吡喃半乳糖苷(ONPG)分解为黄色的邻硝基苯酚(ONP),统计阳性反应出现的数量,通过查MPN表,计算出样品中总大肠菌群的浓度值。

三、实验仪器与设备

1.仪器

(1)采样瓶:具螺旋帽或磨口塞的100 mL、250 mL、500 mL广口玻璃瓶。

(2)高压蒸汽灭菌锅:121 ℃可调。

(3)恒温培养箱:允许温度偏差37±1 ℃、44.5±0.5 ℃。

(4)紫外灯。

(5)标准阳性比色盘。

(6)移液管。

(7)三角瓶:100 mL。

(8)量筒。

(9)97孔定量盘:含49个大孔,48个小孔。其中,每个小孔可容纳0.186 mL样品,大孔中48个大孔每个可容纳1.86 mL样品,一个顶部大孔可容纳11 mL样品。

(10)一般实验室常用仪器和设备。

2.试剂

(1)培养基。

采用 Minimal Medium ONPG-MOG 培养基。每100 mL样品需使用培养基粉末2.7±0.5 g,所含基本成分如表2.11所示。

表2.11　培养基基本成分表

成分	质量
硫酸铵[$(NH_4)_2SO_4$]	0.50 g
硫酸锰($MnSO_4$)	0.05 mg
硫酸锌($ZnSO_4$)	0.05 mg
硫酸镁($MgSO_4$)	10.00 mg
氯化钠($NaCl$)	1.00 g
氯化钙($CaCl_2$)	5.00 mg
亚硫酸钠(Na_2SO_3)	4.00 mg
两性霉素B(Amphotericin B)	0.10 mg
邻硝基苯-β-D-吡喃半乳糖苷(ONPG)	50.00 mg
茄属植物萃取物(Solanium 萃取物)	50.00 mg
N-2-羟乙基哌嗪-N-2-乙磺酸钠盐(HEPES 钠盐)	0.53 g
N-2-羟乙基哌嗪-N-2-乙磺酸(HEPES)	0.69 g
4-甲基伞形酮-β-D-葡萄糖醛酸苷(MOG)	7.5 mg

(2)无菌水。

取适量实验用水,经121 ℃高压蒸汽灭菌20 min,备用。

四、实验步骤

1.样品采集及保存

点位布设及采样频次按照部分国标或行标的相关规定执行。根据实际情况进行采样,采样装置需提前进行灭菌处理。

采样后应在2 h内检测,否则应10 ℃以下冷藏,但不得超过6 h。实验室接样后,不能立即开展检测的,将样品于4 ℃以下冷藏,并在2 h内检测。

2.接种

将水样混匀后,根据水样污染程度确定水样接种量。地表水接种量一般为100 mL,小于100 mL接种量的水样应稀释后接种,将100 mL样品或稀释样品倒入灭菌后的三角瓶,加入2.7±0.5 g培养基粉末,充分混匀,完全溶解后,全部倒入97孔定量盘内,以手抚平97孔定量盘背面,赶除孔内气泡,封口。观察97孔定量盘颜色,若出现类似或深于标准阳性比色盘的颜色,则需排查样品、培养基、无菌水等一系列因素后,终止实验或重新操作。

3.培养

将封口后的97孔定量盘放入恒温培养箱中37±1 ℃下培养24 h。

4.空白对照

每次实验都要用无菌水进行空白测定。培养后的97孔定量盘不得有任何颜色反应,否则,该次样品测定结果无效,应查明原因后重新测定。

5.结果判读

对培养24 h后的97孔定量盘进行结果判读,判读结果参考如图2.7所示,样品变黄色(黄色为虚线框)判断为总大肠菌群阳性;如果结果可疑,可延长培养至28 h再进行结果判读,超过28 h后出现的颜色反应不作为阳性结果。分别记录97孔定量盘中大孔和小孔的阳性孔数量。

总大肠菌群阳性(黄色,虚线框)　　总大肠菌群阴性(无色)

图2.7　总大肠菌群酶底物法阴性、阳性结果参考图

五、数据处理

从 97 孔定量盘法 MPN 表中查得每 100 mL 样品中总大肠菌群的 MPN 值后,再根据样品不同的稀释度,按照以下公式换算样品中总大肠菌群浓度(MPN/L)。

$$c = \frac{MPN \times 1\ 000}{f}$$

式中:

c—样品中总大肠菌群浓度,MPN/L;

MPN—每 100 mL 样品中总大肠菌群浓度,MPN/100 mL;

1 000—将浓度单位由 MPN/ mL 转换为 MPN/L;

f—最大接种量,mL。

六、注意事项

(1)稀释时采用的稀释液可以用磷酸盐缓冲液或生理盐水,每一个稀释度的溶液应充分混匀。

(2)总大肠菌群测定过程中需注意环境的污染问题,重视无菌操作。因此,在检验中,实验人员需要保证样品在洁净区处理,检验中接触到的仪器、器具等需要做好消毒灭菌工作。

(3)为了确保实验结果的可靠性,可用选择大肠埃希氏菌、克雷伯菌、柠檬酸杆菌、阴沟肠杆菌等典型细菌实施对照,区分典型菌落与可疑菌落。

七、思考题

为什么要选择总大肠菌群作为水源微生物污染的指示菌?

第2章 陆运交通环境监测实验

实验一

空气中二氧化硫含量的测定

二氧化硫(Sulfur Dioxide)是无色透明、有刺激性臭味且具有毒性的硫氧化物气体,是大气主要污染物之一。由于煤和石油通常都含有硫元素,因此燃烧时会生成二氧化硫。当二氧化硫溶于水中,会形成亚硫酸。在$PM_{2.5}$存在的条件下,亚硫酸会进一步被氧化迅速生成硫酸(酸雨的主要成分)。二氧化硫具有自燃性,无助燃性,有一定的水溶性,与水及水蒸气作用生成有毒且具有腐蚀性的蒸气。

二氧化硫的检测方法有副玫瑰苯胺法、蒸馏—碘量法、直接碘量滴定法等。

一、实验目的

(1)掌握空气采样器及吸收液采集空气中二氧化硫的操作技术。

(2)学会用比色法测定SO_2。

二、实验原理

二氧化硫被甲醛缓冲溶液吸收后,生成稳定的羟基甲磺酸加成化合物。在样品溶液中加氢氧化钠使加成化合物分解,释放出的二氧化硫与副玫瑰苯胺、甲醛作用,生成紫红色化合物,用分光光度计在波长577 nm处测定吸光度。

主要干扰物为氮氧化物、臭氧及某些重金属元素:加入氨磺酸钠溶液可消除氮氧化物的干扰;采样后放置一段时间臭氧可自行分解;加入磷酸及环己二胺四乙酸二钠盐可以消除或减少某些金属离子的干扰。10 mL样品溶液中含50 μg钙、镁、铁、镍、镉、铜、锌等离子时,不干扰测定。10 mL样品溶液中,含10 μg二价锰离子时,吸光度降低27%,但由于空气中锰含量一般不会超过0.09 mg/m³,因此不会影响二氧化硫的测定。

当用10 mL吸收液采集大气样品30 L时,最低检出浓度为0.007 mg/m³;当用50 mL吸收液、24 h连续采集大气样品300 L时,取出其中的10 mL样品溶液进行测定,最低检出浓度为0.004 mg/m³。

三、仪器与试剂

1. 仪器

(1)10 mL多孔玻板吸收管,用于短时间采样;50 mL多孔玻板吸收管,用于24 h采样。

(2)10 mL具塞比色管。

(3)恒温水浴:0～40 ℃,控温精度为±1 ℃。

(4)空气采样器:流量为0.1～1 L/min用于短时间采样;24 h连续采样的采样器应具备恒温、恒流、计时和自动控制开关的功能,流量范围为0.1～0.5 L/min。

2. 试剂

(1)1.50 mol/L氢氧化钠(NaOH)溶液:称取6.0 g氢氧化钠,用水溶解,并稀释至100 mL。

(2)0.05 mol/L环己二胺四乙酸二钠(CDTA-2Na)溶液:称取1.82 g反式1,2-环己二胺四乙酸(CDTA),溶解于6.5 mL浓度为1.50 mol/L氢氧化钠溶液,用水稀释至100 mL。

(3)氨磺酸钠溶液:称取0.60 g氨磺酸(H_2NSO_3H),加入1.50 mol/L氢氧化钠溶液4.0 mL,用水稀释至100 mL。此溶液可密闭保存10 d。

(4)38%甲醛溶液:市售甲醛浓度多为36%~38%。

(5)0.10 mol/L碘贮备液($\frac{1}{2}I_2$):称取1.27 g碘(I_2)于烧杯中,加入4.00 g碘化钾和2.5 mL水,搅拌至完全溶解,用水稀释到100 mL,贮于棕色细口瓶中。

(6)0.05 mol/L碘溶液($\frac{1}{2}I_2$):量取碘贮备溶液50 mL,用水稀释至100 mL,贮于棕色细口瓶中。

(7)0.100 0 mol/L碘酸钾基准溶液($\frac{1}{6}KIO_3$):称取0.356 7 g碘酸钾(KIO_3,优级纯,105～110 ℃干燥2 h),溶解于水,移入100 mL容量瓶中,用水稀释至标线,摇匀。

(8)淀粉溶液:称取0.25 g可溶性淀粉,用少量水调成糊状(可加0.2 g二氯化锌防腐),慢慢倒入50 mL沸水中,继续煮沸至溶液澄清,冷却后贮于细口瓶中。

(9)(1+9)盐酸溶液。

(10)0.05%乙二胺四乙酸二钠盐(EDTA-2Na)溶液:称取0.25 g EDTA-2Na,溶解于500 mL新煮沸并已冷却的水中,定容。临用时现配。

(11)磷酸溶液:吸取42.5 mL浓磷酸,用水稀释至50 mL。

(12)吸收液贮备液:称取2.04 g邻苯二甲酸氢钾,溶解于少量水。再吸取38%甲醛5.5 mL和0.05 mol/L CDTA-2Na溶液20 mL,将此3种溶液合并,用水稀释至100 mL,存于冰箱,可保存1年。

(13)吸收液:使用时,用水将吸收液贮备液稀释100倍,定容至500 mL容量瓶中。临用时现配。

(14)0.05%副玫瑰苯胺(简称PRA)溶液。

①称取适量PRA于烧杯中,以1 mol/L的HCl溶解后转移至100 mL容量瓶中,并以此HCl

溶液定容,得到0.25%的PRA贮备液(若有沉淀,可过滤)。

②吸取该0.25%的PRA贮备溶液20.00 mL,移入100 mL棕色容量瓶中,加85%浓磷酸30 mL、浓盐酸10.0 mL,用水稀释至标线,摇匀,放置过夜后即得PRA使用溶液。此溶液避光密封,可保存9个月。

(15)0.10 mol/L硫代硫酸钠贮备溶液($Na_2S_2O_3$):称取12.5 g硫代硫酸钠($Na_2S_2O_3 \cdot 5H_2O$),溶解于500 mL新煮沸并已冷却的水中,加0.1 g无水碳酸钠,贮于棕色细口瓶中,放置1周后标定其浓度。溶液呈现浑浊时,应过滤。

标定方法:吸取0.100 0 mol/L碘酸钾基准溶液10.00 mL,置于250 mL碘量瓶中,加80 mL新煮沸并已冷却的水,加1.2 g碘化钾,振摇至完全溶解后,加(1+9)盐酸溶液10 mL,立即盖好瓶塞,摇匀。于暗处放置5 min后,用0.10 mol/L硫代硫酸钠贮备溶液滴定至淡黄色,加淀粉溶液2 mL,继续滴定至蓝色刚好褪去,记录消耗体积(V),按下式计算浓度:

$$c(Na_2S_2O_3) = 0.100\ 0 \times \frac{10.00}{V}$$

式中:

$c(Na_2S_2O_3)$—硫代硫酸钠标准溶液的浓度,mol/L;

V—滴定时消耗的硫代硫酸钠贮备溶液体积,mL。

(16)硫代硫酸钠标准溶液($Na_2S_2O_3$):取标定后浓度约为的0.10 mol/L硫代硫酸钠贮备溶液50.0 mL,置于100 mL棕色容量瓶中,用新煮沸并已冷却的水稀释至标线,摇匀。此步骤即为将浓度约为的0.10 mol/L硫代硫酸钠贮备溶液稀释。临用时现配。

(17)亚硫酸钠溶液:称取0.200 g亚硫酸钠(Na_2SO_3)溶解于200 mL EDTA-2Na溶液,缓慢摇匀以防充氧,使其溶解。放置2~3 h后标定。此溶液每毫升相当于含320~400 μg二氧化硫。贮存于棕色试剂瓶中。

标定方法:吸取该亚硫酸钠溶液25.00 mL,置于250 mL碘量瓶中,加入碘溶液50.00 mL及冰乙酸1.0 mL,盖塞,摇匀。于暗处放置5 min,用硫代硫酸钠标准溶液滴定至淡黄色,加入淀粉溶液5 mL,继续滴定至蓝色刚好褪去,记录消耗体积(V)。

另取0.05% EDTA-2Na溶液20 mL,进行空白滴定,记录消耗体积(V_0)。

平行滴定所用硫代硫酸钠标准溶液体积之差应不大于0.04 mL,取平均值计算浓度:

$$c(以SO_2计) = (V_0 - V) \times c(Na_2S_2O_3) \times 32.02 \times \frac{1\ 000}{25} \times \frac{2}{100}$$

式中:

V_0、V—滴定空白溶液、亚硫酸钠溶液所消耗的硫代硫酸钠标准溶液体积,mL;

$c(Na_2S_2O_3)$—硫代硫酸钠标准溶液浓度,mol/L;

32.02—相当于1 mol/L硫代硫酸钠标准溶液的二氧化硫($\frac{1}{2}SO_2$)的质量,g。

标定出准确浓度后,立即用吸收液稀释成每毫升含10.00 μg二氧化硫的标准贮备溶液100 mL,放置于冰箱可保存3个月。临用前,再用吸收液稀释为每毫升含1.0 μg二氧化硫的标准使用溶液250 mL。此溶液放冰箱可保存1个月。

四、实验步骤

1.采样

(1)短时间采样:用内装10 mL吸收液的U形多孔玻板吸收管,以0.5 L/min流量,采样45～60 min。采样时吸收液温度应保持在23～29 ℃。

(2)24 h连续采样:用内装50 mL吸收液的多孔玻板吸收瓶,以0.2～0.3 L/min流量,24 h连续采样。采样时吸收液温度应保持在23～29 ℃。

采样、运输和贮存过程中,应避免阳光直接照射样品溶液,当气温高于30 ℃时,采样如不能当天测定,可将样品溶液储于冰箱。

2.校准曲线的绘制

取14支10 mL具塞比色管,分成A、B两组,每组各7支(含2支样品管的A、B组),分别对应编号,A组按表2.12所示。

表2.12　亚硫酸钠标准系列

管号	0	1	2	3	4	5	6
标准溶液/mL	0.00	0.50	1.00	2.00	3.00	4.00	5.00
吸收液/mL	5.00	4.50	4.00	3.00	2.00	1.00	0.00
二氧化硫量/μg	0.00	0.50	1.00	2.00	3.00	4.00	5.00

在A组各管分别加0.6%氨磺酸钠溶液0.25 mL和1.5 mol/L氢氧化钠溶液0.25 mL,混匀。

向B组各管加入0.05%副玫瑰苯胺溶液0.5 mL。

将A组各管中的溶液迅速逐管倒入对应的盛有PRA使用溶液的B管中,立即盖紧后,混匀放入恒温水浴中显色。显色温度与室温之差应不超过3 ℃。可根据不同季节的室温选择显色温度和时间,如表2.13所示。

表2.13　显色温度与时间

显色温度/℃	10	15	20	25	30
显色时间/min	40	25	20	15	5
稳定时间/min	35	25	20	15	10

在 $\lambda = 577$ nm 处,用1 cm比色皿,以水为参比。测定吸光度,以吸光度对二氧化硫质量(μg)绘校准曲线:

$$Y = bX + a$$

式中:

Y——标准溶液吸光度(A)与试剂空白液吸光度(A_0)之差,$Y = A - A_0$;

X——二氧化硫含量,μg;

b—校准曲线方程的斜率(吸光度/SO$_2$);

a—标准方程的截距(相关系数应大于0.999)。

3.样品测试

(1)样品溶液中若有混浊物,应离心分离除去。

(2)采样后样品放置20 min,以使臭氧分解。

(3)短时间采集样品:将吸收管中样品溶液全部移入10 mL比色管中,用吸收液补充至5 mL标线,加氨磺酸钠溶液0.25 mL,混匀,放置10 min以除去氮氧化物的干扰,再加1.5 mol/L氢氧化钠溶液0.25 mL,混匀,再倒入对应的盛有0.5 mL PRA使用溶液的B管中,立即混匀放入恒温水浴中显色。

(4)24 h采集样品:将吸收瓶中样品溶液移入50 mL容量瓶(或比色管)中,用吸收液洗涤吸收瓶,洗涤液倒入容量瓶(或比色管)中,用吸收液稀释至50 mL标线。吸取适量样品溶液(视浓度大小而定)于10 mL比色管中,用吸收液稀释至10 mL标线,加氨磺酸钠溶液0.50 mL,混匀,放置10 min以除去氮氧化物的干扰,以下同步骤2"校准曲线的绘制"。

样品测定时与绘制校准曲线时温度之差应不超过2 ℃。

随每批样品应测定试剂空白液、标准控制样品或加标回收样品各1~2个,以检查试剂空白值和校正因子。

五、数据处理

$$\rho = \frac{\left[(A - A_0) - a\right] \times V_t}{V_n \times b \times V_a}$$

式中:

A—样品溶液的吸光度;

A_0—试剂空白溶液的吸光度;

a、b—校准曲线方程的截距和斜率(其中a应小于0.005);

V_t—样品溶液总体积,mL;

V_a—测定时所取样品溶液体积,mL;

V_n—标准状态下的采样体积,L。

ρ—空气中SO$_2$的质量浓度,mg/m³。

六、注意事项

用二氧化硫标准气体进行吸收实验,23~29 ℃时吸收率为100%;10~15 ℃时吸收效率比23~29 ℃时低5%;高于33 ℃及低于9 ℃时,比23~29 ℃时吸收率低10%。

进行24 h连续采样时,进气口为倒置的玻璃或聚乙烯漏斗,以防止雨、雪进入。漏斗不要紧靠近监测亭采气管管口,以免吸入部分从监测亭排出的气体。若监测亭内温度高于气温,采气管形成"烟囱"排出的气体中包括从采样泵排出的气体,会使测定结果偏低。

显色温度、显色时间的选择及操作时间的掌握是本实验成败的关键。应根据实验室条件、不同季节的室温选择适宜的显色温度及时间。操作中严格控制各反应条件。比色管放在恒温水浴中显色时,注意使水浴水面高度超过比色管中溶液的液面高度,否则会影响测定的准确度。当在温度为 25 ~ 30 ℃显色时,应事先做好各项准备工作,测定吸光度时,操作应准确、敏捷,不要超过颜色的稳定时间,以免测定结果偏低。

因六价铬能使紫红色络合物褪色,使测定结果偏低,故应避免用铬酸洗液洗涤玻璃器皿。若已洗,可用(1+1)盐酸溶液泡 1 h后,用水充分洗涤,烘干备用。

七、思考题

(1)实验过程中存在哪些干扰? 应该如何消除?

(2)多孔玻璃筛板吸收管的作用是什么?

空气中氮氧化物的测定

氮氧化物是只由氮、氧两种元素组成的化合物,氮氧化物(NO_x)种类很多,造成大气污染的主要是一氧化氮(NO)和二氧化氮(NO_2),因此环境学中的氮氧化物一般就指这两者的总称。氮氧化物都具有不同程度的毒性,可刺激肺部,使人较难抵抗感冒之类的呼吸系统疾病。天然排放的NO_x,主要来自土壤和海洋中有机物的分解,属于自然界的氮循环过程。人为活动排放的NO_x,大部分来自化石燃料的燃烧,如汽车、飞机、内燃机及工业窑炉的燃烧过程;也来自生产、使用硝酸的过程,如氮肥厂、有机中间体厂、有色及黑色金属冶炼厂等。

以一氧化氮和二氧化氮为主的氮氧化物是形成光化学烟雾和酸雨的一个重要原因。汽车尾气中的氮氧化物与碳氢化合物经紫外线照射后发生反应形成的有毒烟雾,称为光化学烟雾。光化学烟雾具有特殊气味,刺激眼睛,伤害植物,并使大气能见度降低。另外,氮氧化物与空气中的水反应生成的硝酸和亚硝酸是酸雨的成分之一。

一、实验目的

(1)理解测定大气中氮氧化物的方法和原理。
(2)熟悉空气采样器的仪器结构,并能进行正确组装。
(3)能对大气中的氮氧化物进行正确的采集。
(4)掌握比色法的操作方法。

二、实验原理

大气中的氮氧化物主要是一氧化氮和二氧化氮。在采集氮氧化物时,先用装有三氧化铬的氧化管将大气中的一氧化氮氧化成二氧化氮。二氧化氮被吸收在吸收液中形成亚硝酸,亚硝酸与对氨基苯磺酸发生重氮化反应,反应物再与盐酸萘乙二胺偶合,生成玫瑰红色偶氮染料。

本方法的线性范围为$0.03 \sim 1.6 \ \mu g/mL$。盐酸萘乙二胺盐比色法的相关反应式如下:

$$2NO_2 + H_2O \longrightarrow HNO_3 + HNO_2$$

$$HO_3S\!-\!\!\!\bigcirc\!\!\!-\!NH_2 + HNO_2 + CH_3COOH \longrightarrow HO_3S\!-\!\!\!\bigcirc\!\!\!-\!\overset{\displaystyle N}{\underset{\displaystyle NOCOCH_3}{\|}} + 2H_2O$$

玫瑰红色

三、仪器与试剂

1.仪器

(1)多孔玻板吸收管。

(2)空气采样器:流量范围 0.1~1.0 L/min。

(3)分光光度计。

(4)双球玻璃管(内装氧化剂)。

(5)10 mL 比色管。

2.试剂

(1)吸收原液:称取 5.0 g 对氨基苯磺酸于 500 mL 烧杯中,将 50 mL 冰醋酸与 900 mL 水的混合液,分数次加入烧杯中,搅拌使其溶解,并迅速移入 1 000 mL 棕色容量瓶中,待对氨基苯磺酸完全溶解后,加入 0.050 g 盐酸萘乙二胺,溶解后,用水稀释至标线,摇匀,贮于棕色瓶中低温避光保存,此为吸收原液。

(2)采样现场所用吸收液:按 4 份吸收原液和 1 份水的比例混合。

(3)三氧化铬—石英砂氧化管:筛取 20 g 左右 20~40 目的石英砂或河砂,用(1+2)盐酸浸泡一夜,用水洗至近中性后将其烘干。把三氧化铬及砂子按质量比 1:40 混合,加少量水调匀,在红外灯下或烘箱里于 105 ℃烘干。烘干过程中应搅拌几次。制作好的三氧化铬—砂子应是松散的;若是黏在一起,说明三氧化铬比例太大,可适当增加一些砂子,重新制备。

将制作好的三氧化铬—砂子装入双球玻璃管中,两端用少量脱脂棉塞好,放置于干燥器中保存。使用时用一小段乳胶管与吸收管连接。

(4)亚硝酸钠标准贮备液:称取 0.015 0 g 亚硝酸钠($NaNO_2$)(预先在干燥器内放置 24 h),溶于水,移入 100 mL 容量瓶中,用水稀释至标线。此溶液浓度为 100 μg/mL。贮于棕色瓶中存于冰箱,可稳定 3 个月。

(5)亚硝酸钠标准溶液:临用前,吸取 5.00 mL 亚硝酸钠标准贮备液于 100 mL 容量瓶中,用水稀释至标线。此溶液的浓度为 5 μg/mL。

四、实验步骤

（1）采样。

将一个内装有5 mL吸收液的多孔玻板吸收管的进气口处接上氧化管,并使管口略微朝向风向处并向下倾斜,以免潮湿空气将氧化剂弄湿,污染后面的吸收液,如图2.8所示。以0.5 L/min的流量采样30 min,采样高度为1.5~3.0 m。如需采集交通干线空气中的氮氧化物,应将采样点设在距离公路1.5 m的人行道上。同时统计车流量,记录气象参数(如风力、风向,气温和气压等)、采样地点和采样时间段。根据采样时间和流量算出采样体积。

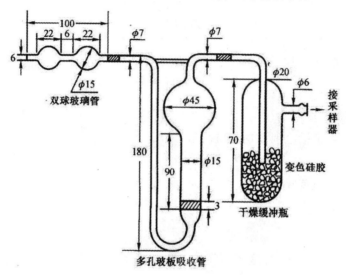

图2.8　氮氧化物采样装置的连接图示

（2）测定

①校准曲线的绘制:取7支10 mL比色管,按表2.14中的要求加入试剂后,摇匀,避开阳光直射,放置15 min,用10 mm比色皿,于波长540 nm处,以水为参比测定吸光度。

表2.14　标准系列溶液的配制

溶液类型	管号						
	0	1	2	3	4	5	6
NO_2^-标准溶液/(μg/mL)	0.00	0.10	0.20	0.30	0.40	0.50	0.60
吸收原液/mL	4.00	4.00	4.00	4.00	4.00	4.00	4.00
水/mL	1.00	0.90	0.80	0.70	0.60	0.50	0.40
NO_2^-质量浓度/(μg/mL)	0.00	0.50	1.00	1.50	2.00	2.50	3.00

备注:加入NO_2^-标准溶液时,动作需缓慢,以免扰动溶液带入过多溶解氧,将NO_2^-氧化成NO_3^-。

②样品的测定:采样后,放置15 min,将吸收液转移到10 mm比色皿,于波长540 nm处,以水为参比测定吸光度。

五、数据处理

氮氧化物浓度:

$$\rho = \frac{(A - A_0) - a}{b \times V_n \times 0.76}$$

式中:

A—样品溶液吸光度;

A_0—试剂空白吸光度;

V_n—换算为参比状态$(25\ ^\circ\text{C}, 101 \times 10^3\ \text{Pa})$下的采样体积(L);

a、b—校准曲线方程中的截距和斜率;

0.76—NO_2(气)与NO_2(液)的转换系数。

六、注意事项

(1)吸收液必须无色,如呈微红色可能有亚硝酸根的污染。日光照射也能引发吸收液显色,所以装有吸收液的吸收管在采样、运送和存放过程中都应采取避光措施。

(2)在采样过程中,如吸收液体积缩小较显著,应用实验用水补充到原来体积(可事先在吸收管上做好标线)。

(3)氧化管适于在相对湿度 30%~70% 范围内使用:大于70%时,应勤换氧化管以免板结的氧化剂增加抽气阻力;小于30%时,则应在使用前用经过水面的潮湿空气通过氧化管,平衡1 h。氧化管中的氧化剂出现绿色时,应更换氧化管。

七、思考题

(1)氮氧化物与光化学烟雾有什么关系?产生光化学烟雾需要哪些条件?

(2)通过实验的测定结果,你认为交通干线空气中氮氧化物的污染状况如何。

空气中挥发性有机物的测定实验

环境空气中的挥发性有机物,简称"VOCs",是大气污染物的主要成分之一。VOCs的种类繁多,目前能监测到的已达200多种,包括烯烃、烷烃、芳香烃、醛酮、酯和醚等,主要来源于石油化工生产、装饰装修、印刷工业、制药生产等行业。

VOCs污染主要表现在两个方面,一方面是多数VOCs本身具有的刺激性和毒性,会导致生物体产生癌变、畸形等,严重威胁人类的生命安全;另一方面是一些VOCs具有较强的光化学反应活性,能在环境中进行二次转化。其光化学反应主导着光化学烟雾的进程,对城市和区域臭氧的生成至关重要,也是导致灰霾天气的重要前体物之一。因此,加强环境空气中VOCs的监测,对于评价环境空气质量、控制空气污染以及保护人体生命健康具有十分重要的意义。

环境空气中VOCs的分析方法一般有气相色谱分析法和高效液相色谱法等方法,此外,还有反射干涉光谱法以及离线超临界流体萃取GC—MS法和脉冲放电检测器法等。然而在实践生活中,普遍采用GC和GC—MS法。

一、实验目的

(1)了解空气中主要挥发性有机物的种类与组成。

(2)掌握气相色谱—质谱法测定挥发性有机物的原理以及操作流程。

(3)了解常见挥发性有机物的气相色谱保留时间。

二、实验原理

本方法采用装有一种或多种固体吸附剂的吸附管,富集环境空气中的挥发性有机物,然后将吸附管置于热脱附仪中,待分析物质从吸附剂上被脱附后,由载气带入气相色谱仪中的毛细管柱中进行分离,然后用质谱进行检测。通过与待测目标物标准质谱图相比较和保留时间进行定性分析,外标法或内标法进行定量分析。

三、仪器与试剂

1.仪器

(1)气相色谱仪:具毛细管柱分流/不分流进样口,能对载气进行电子压力控制,可程序升温。

(2)质谱仪:电子轰击(EI)电离源,一秒内能从35 amu扫描至270 amu,具NIST质谱图库、手动/自动调谐、数据采集、定量分析及谱库检索等功能。

（3）毛细管柱：30 m×0.25 mm，1.4 μm膜厚（6 %腈丙基苯、94 %二甲基聚硅氧烷固定液），也可使用其他等效的毛细管柱。

（4）热脱附装置：热脱附装置应具有二级脱附功能，聚焦管部分应能迅速加热（至少40 ℃/s）。热脱附装置与气相色谱相连部分和仪器内气体管路均应使用硅烷化不锈钢管，并至少能在50～150 ℃之间均匀加热。

（5）老化装置：老化装置的最高温度应达到400 ℃以上，最大载气流量至少能达到100 mL/min，流量可调。

（6）空气采样器。

（7）一般实验室常用仪器和设备。

2.试剂

（1）甲醇（CH_3OH）。

（2）标准贮备溶液：ρ=2 000 mg/L。

（3）4-溴氟苯（BFB）溶液：ρ=25 mg/L。

（4）吸附剂：Carbopack C（比表面积10 m^2/g ），40/60目；Carbopack B（比表面积100 m^2/g），40/60目；Carboxen 1 000（比表面积800 m^2/g），45/60目或其他等效吸附剂。

（5）吸附管：不锈钢或玻璃材质，内径6 mm，内填装 Carbopack C、CarbopackB、Carboxen 1 000，长度分别为13、25、13 mm，或使用其他具有相同功能的产品。

（6）聚焦管：不锈钢或玻璃材质，内径不大于0.9 mm，内填装吸附剂种类及长度与吸附管相同，或使用其他具有相同功能的产品。

（7）载气：氦气，纯度99.999%。

四、实验步骤

1.样品的采集与保存

采样前对仪器进行气密性检查，在确认气密性良好的前提下调节采样流量至预设值。将吸附管连接到采样泵上，按吸附管上标明的气流方向进行采样。在采集样品过程中要注意随时检查调整采样流量，保持流量恒定。采样时，将采样地点、时间、环境温度、流量和采样人员等信息记录于表2.15。

采集样品时，对同一批采样管需要测定两个空白实验，即采样管老化后放在4 ℃干净的环境中保存，在样品测定之前和样品测定之后分别测定一个空白实验。每10个样品或一批样品低于10个样品时需要分析一个现场空白。

样品采集后，采样管应贮存在低于4 ℃的干净环境中，在30 d内分析完毕（不稳定的挥发性有机物，应在一星期内分析完毕）。

表2.15 采样记录表

样品编号	采样地点	采样时间/min	采样体积/L	采样流量/(L/min)	天气状况	
					温度/℃	气压/hPa

2.仪器参考条件的设置

热脱附仪参考条件。

传输线温度：130 ℃；吸附管初始温度：35 ℃；聚焦管初始温度：35 ℃；吸附管脱附温度：270 ℃；吸附管脱附时间：3 min；脱附流量：40 mL/min；聚焦管脱附温度：250 ℃；聚焦管脱附时间：3 min；采样管解吸分流比：1:3.5；聚焦管老化温度：350 ℃；干吹流量：40 mL/min；干吹时间：2 min。

气相色谱仪参考条件。

进样口温度：200 ℃；载气：氦气（99.999%）；色谱柱流量（恒流模式）：1.2 mL/min；升温程序：初始温度30 ℃，保持3.2 min，以11 ℃/min升温到200 ℃保持3 min。

质谱参考条件。

扫描方式：全扫描；扫描范围：35~270 amu；离子化能量：70 eV；离子源接口温度：230 ℃；传输线温度：250 ℃；进行4-溴氟苯（BFB）质谱性能检查，如果BFB调节的结果满足不了要求，必须对离子源进行清洗和维护保养，以满足表2.16的要求。

表2.16 BFB离子丰度标准

质量	离子丰度标准	质量	离子丰度标准
50	质量95的8%~40%	174	大于质量95的50%
75	质量95的30%~80%	175	质量174的5%~9%
95	基峰,100%相对丰度	176	质量174的93%~101%
96	质量95的5%~9%	177	质量176的5%~9%
173	小于质量174的2%		

3.校准曲线的绘制

用微量注射器分别移取25、50、125、250和500 μL的标准贮备溶液至10 mL容量瓶中，用甲醇定容，配制目标物浓度分别为5.00、10.0、25.0、50.0和100 mg/L的标准系列。用微量注射器移取1.0 μL标准系列溶液注入热脱附仪中，按照仪器参考条件，依次从低浓度到高浓度进行测定，用最小二乘法绘制校准曲线。

4.样品的测定

将采完样的吸附管迅速放入热脱附仪中,按照仪器参考条件进行热脱附,载气流经吸附管的方向应与采样时气体进入吸附管的方向相反。样品中目标物随脱附气进入色谱柱进行测定。

5.空白实验

按与样品测定相同步骤分析现场空白样品。

五、数据处理

1.定性分析

根据经四极杆质谱连续扫描所得的结果,以保留时间和质谱图与标准样品比较进行定性分析,图2.10是常见VOCs总离子色谱图,表2.17是常见VOCs的保留时间及特征离子。

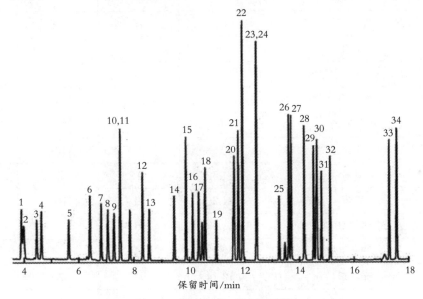

图2.10 常见VOCs总离子色谱图

(化合物序号如表2.17所示)

表2.17 常见VOCs的保留时间及特征离子

序号	化合物	保留时间/min	定量离子/($m \cdot z^{-1}$)	定性离子1/($m \cdot z^{-1}$)	定性离子2/($m \cdot z^{-1}$)
1	1,1-二氯乙烯	4.00	61	96	63
2	1,1,2-三氯-1,2,2-三氟乙烷	4.05	151	101	103
3	氯丙烯	4.53	41	39	76
4	二氯甲烷	4.70	49	84	86
5	1,1-二氯乙烷	5.67	63	65	—

续表

序号	化合物	保留时间/min	定量离子/(m·z⁻¹)	定性离子1/(m·z⁻¹)	定性离子2/(m·z⁻¹)
6	反式-1,2-二氯乙烯	6.43	61	96	98
7	三氯甲烷	6.84	83	85	47
8	1,1,1-三氯乙烷	7.08	97	99	61
9	四氯化碳	7.30	117	119	—
10	1,2-二氯乙烷	7.52	62	64	—
11	苯	7.53	78	77	50
12	三氯乙烯	8.33	130	132	95
13	1,2-二氯丙烷	8.57	63	41	62
14	顺式-1,3-二氯丙烯	9.46	75	39	77
15	甲苯	9.89	91	92	—
16	反式-1,3-二氯丙烯	10.13	75	39	77
17	1,1,2-三氯乙烷	10.35	97	83	61
18	四氯乙烯	10.59	166	164	131
19	1,2-二溴乙烷	10.98	107	109	—
20	氯苯	11.62	112	77	114
21	乙苯	11.78	91	106	—
22	间/对-二甲苯	11.93	91	106	—
23	邻-二甲苯	12.43	91	106	—
24	苯乙烯	12.44	104	78	103
25	1,1,2,2-四氯乙烷	13.25	83	85	—
26	4-乙基甲苯	13.60	105	120	—
27	1,3,5-三甲基苯	13.69	105	120	—
28	1,2,4-三甲基苯	14.17	105	120	—
29	1,3,-二氯苯	14.53	146	148	111
30	1,4,-二氯苯	14.64	146	148	111
31	苄基氯	14.80	91	126	—
32	1,2-二氯苯	15.13	146	148	111
33	1,2,4-三氯苯	17.29	180	182	184
34	六氯丁二烯	17.55	225	227	223

2. 定量分析

气体中化合物浓度的计算公式如下：

$$c = \frac{A}{V_s}$$

式中：

c—气体中分析物质的浓度，$\mu g/m^3$；

A—样品中分析物质的含量，ng；

V_s—标准状态下（$0\ ^\circ C$，$101.325\ kPa$）的采样总体积，L。

$$V_s = \frac{P \cdot V \times 273}{(273 + t) \times 101.325}$$

式中：

V—实际采样体积，L；

P—采样时的大气压，kPa；

t—采样时的温度，$^\circ C$。

使用内标进行定量时相对响应因子（RRF）的计算：

$$RRF = \frac{I_s \times C_{is}}{I_{is} \times C_s}$$

式中：

I_s—目标化合物的峰面积；

C_s—目标化合物的浓度，$\mu g/mL$；

I_{is}—内标化合物的峰面积；

C_{is}—内标化合物的浓度，$\mu g/mL$。

样品中分析物质的浓度计算：

$$C_s = \frac{I_s \times C_{is}}{RRF \times I_{is}}$$

六、注意事项

（1）吸附管中残留的VOCs对测定的干扰较大，严格执行老化和保存程序能使此干扰降到最低。

（2）新购吸附管都应标记唯一性代码和表示样品气流方向的箭头，并建立吸附管信息卡片，记录包括吸附管填装或购买日期、最高允许使用温度和使用次数等信息。

七、思考题

（1）有机物定量分析的方法还有哪些？

（2）什么是物质的保留时间？

实验四

空气中一氧化碳的测定实验

一氧化碳(CO)是无色无臭味但可使人中毒的气体,相对质量为0.97,燃烧时火焰呈蓝色。当周围空气CO浓度高时,会与体内的血红蛋白结合形成碳氧血红蛋白,使血红蛋白丧失携氧的能力和作用,造成组织窒息,严重时可致人死亡。此外,一氧化碳在大气中长期存在,会被氧化成二氧化碳,而二氧化碳会导致温室效应。因此,构建长期、网格化区域监测系统,有利于对一氧化碳的排放进行管理,便于排查与控制污染源头。

目前环境空气中一氧化碳的测定主要有气相色谱法、非分散红外法、汞置换法等。本实验中采用非分散红外法。

一、实验目的

(1)了解CO的性质及其对环境的危害。

(2)掌握非分散红外一氧化碳分析仪器的测定原理和仪器操作。

二、实验原理

样品气体进入仪器,在前吸收室吸收$4.67~\mu m$谱线中心的红外辐射能量,在后吸收室吸收其他辐射能量,两室因吸收能量不同,破坏了原吸收室内气体受热产生相同振幅的压力脉冲,变化后的压力脉冲通过毛细管加在差动式薄膜微音器上,被转化为电容量的变化,通过放大器再转变为与浓度成比例的直流测量值。

水蒸气、悬浮颗粒物会干扰一氧化碳的测定。测定时,样品需经变色硅胶或无水氯化钙过滤管去除水蒸气,经玻璃纤维滤膜去除悬浮颗粒物。

本方法测定范围最高为$62.5~mg/m^3$。

三、仪器与试剂

1.仪器

(1)非分散红外一氧化碳分析仪:量程$0 \sim 62.5~mg/m^3$。

(2)记录仪:$0 \sim 10~mV$。

(3)流量计:$0 \sim 1~L/min$。

(4)采气袋、止水夹、双联球。

2.试剂

(1)高纯氮气(99.99 %):要求其中一氧化碳浓度已知,或是制备霍加拉特加热管除去其中的一氧化碳。

(2)一氧化碳标定气。

(3)变色硅胶或无水氯化钙。

四、实验步骤

1.样品采集与保存

用双联球将样品气体挤入采气袋中,放空后再挤入,如此清洗3~4次,最后挤满并用止水夹夹紧进气口。记录采样地点、采样日期和时间、采气袋编号。

2.分析

仪器调零:开机接通电源预热30 min,启动仪器内装泵抽入氮气,用流量计控制流量为0.5 L/min。调节仪器调零电位器,使记录器指针指在所用氮气的一氧化碳浓度的相应位置。使用霍加拉特管调零时,应将记录器指针调在零位。

仪器标定:仪器进气口通入流量为0.5 L/min的一氧化碳标定气,调节仪器灵敏度电位器,使记录器指针与已知一氧化碳浓度相符,重复2~3次。

样品测定:抽入待测气体,待仪器指示值稳定后读数,测得一氧化碳的浓度。

五、数据处理

按下式计算一氧化碳浓度:

$$c = 1.25 \times n$$

式子:

c——分析仪指示的一氧化碳浓度,mg/m^3;

n——仪器指示的一氧化碳格数;

1.25——一氧化碳浓度在标准状态下质量浓度(mg/m^3)的换算系数。

六、注意事项

(1)仪器启动后,必须充分预热,确认稳定后再进行样品测定,否则影响测定的准确度。

(2)仪器一般用高纯氮气调零,也可以用经霍加拉特管(加热至90~100 ℃)净化后的空气调零。

(3)为了确保仪器的灵敏度,在测定时,使空气样品经硅胶干燥后再进入仪器,防止水蒸气对测定的影响。

七、思考题

(1)仪器检测器的工作原理是什么? 在开始使用时为什么必须充分预热?

(2)怎么评价一氧化碳对环境空气的污染程度?

实验五

空气中二氧化碳的测定实验

二氧化碳是人类无时无刻不在制造却经常被忽略的气体,在常温常压下二氧化碳是一种无色无味,溶于水后略有酸味的气体,空气中一般含有约0.03％的二氧化碳,但由于人类活动(如化石燃料燃烧)影响,大气中的二氧化碳含量猛增引发了温室效应,造成全球气候变暖、冰川融化、海平面升高等问题,此外二氧化碳在高浓度时会危害人体健康,使人丧失知觉、神志不清、呼吸停止、酸中毒等。

目前,我国采取了一些新举措,包括将碳达峰碳中和纳入生态文明建设整体布局,以期在碳达峰后逐渐减少二氧化碳的排放量。在很长一段时间内,碳达峰碳中和将是生态文明建设工作的热点和重点,在这个过程中,对环境及污染源排放二氧化碳的直接测量,是核算和评估碳排放量等工作的基础和数据支撑。因此,为了更好地响应碳达峰碳中和的政策,也为了更好地评估环境空气质量,日常环境空气中二氧化碳的浓度测定就显得尤为必要。

目前国家颁布了一系列标准用于二氧化碳的测定。但操作繁琐,使用场所受限。而容量滴定法更加适用于实验室的检测分析,故本实验借以参考。

一、实验目的

(1)了解二氧化碳对全球气候变暖的影响。

(2)掌握二氧化碳的基本性质和产生的来源。

(3)掌握容量滴定法测定二氧化碳的原理和操作方法。

二、实验原理

空气中的二氧化碳被过量的氢氧化钡溶液吸收,生成碳酸钡沉淀,剩余的氢氧化钡溶液用标准草酸溶液滴定至酚酞试剂红色刚褪色。由容量法滴定结果和所采集的空气体积,计算空气中二氧化碳的浓度。

$$CO_2 + Ba(OH)_2 = BaCO_3\downarrow + H_2O$$

三、仪器与试剂

1.仪器

(1)二氧化碳吸收管。

(2)空气采样器:流量范围0.2～1 L/min,流量稳定。使用时,用一级皂膜流量计校准采样系列在采样前和采样后的流量,流量误差应小于5％。

(3)酸式滴定管:50 mL,刻度需校正。

(4)碘量瓶：125 mL。

2.试剂

实验室用水均为经煮沸除去二氧化碳的去离子水。

(1)吸收液：称量1.4 g氢氧化钡（$BaOH \cdot 8H_2O$）和0.08 g氯化钡（$BaCl_2 \cdot 2H_2O$），溶于800 mL水中，加入3 mL正丁醇，摇匀，用水稀释至1 L。此吸收液应在采样前两天配制，密封保存，避免接触空气。采样时吸上清液作为吸收液。

(2)草酸标准溶液：准确称量0.563 7 g草酸[$(COOH)_2 \cdot 2H_2O$]，用水溶解并稀释至1 L。此溶液1.00 mL相当于标准状况下（0 ℃，101.3 kPa）0.1 mL二氧化碳。

(3)酚酞指示剂：分析纯。

(4)正丁醇：分析纯。

(5)纯氮或经碱石灰管除去二氧化碳后的空气。

备注：氢氧化钡和氯化钡有毒，使用时应注意安全。

四、实验步骤

1.采样

取一个事先用纯氮或去除二氧化碳的净化了空气并驱除残留空气的吸收管，装入50 mL氢氧化钡吸收液，以0.3 L/min流量采气3 L。采样前后，吸收管的进、出口均用乳胶管连接以免空气进入。记录采样时的温度和大气压强。

2.测定

采样后，取出中间砂芯管，加塞静置3 h，使碳酸钡沉淀完全，吸取上清液25 mL置于碘量瓶中（碘量瓶事先应充氮或充入经碱石灰处理的空气），再加入2滴酚酞指示剂，用草酸滴定至酚酞的红色刚刚褪去，记录样品滴定所消耗的草酸标准溶液体积V_1。

在每批样品测定的同时，吸取25 mL未采样的吸收液，按相同操作步骤作试剂空白滴定，记录空白滴定所消耗的草酸标准液的体积V_2。

五、数据处理

二氧化碳浓度的计算公式如下：

$$c = \frac{20 \times (V_2 - V_1)}{V_0}$$

式中：

c——空气中二氧化碳浓度，%；

V_1——滴定样品消耗草酸标准溶液的体积，mL；

V_2——滴定空白消耗草酸标准溶液的体积，mL；

20——2×0.1×100；

V_0——换算成标准状况下的采样体积，mL。

依据《室内空气中二氧化碳卫生标准》(GB/T 17094—1997)对采样点环境空气中二氧化碳的含量进行评价分析。

六、注意事项

(1)正丁醇作为发泡剂,可增加二氧化碳吸收效率,以1 L吸收液加入3 mL正丁醇为宜。吸收液中发泡剂正丁醇可在采样前一天加入。如正丁醇加入时间过长,则会过分发泡,造成采样时泡沫倒吸。

(2)一般室外空气采样3~5 L,人群密集的公共场所采样1~1.5 L。采样时间过长,吸收液会逐渐变稀,会使结果偏低。如果采样时吸收液完全被二氧化碳中和,则样品报废。

(3)采样地点应选取除二氧化碳以外没有其他酸性气体如二氧化硫等排放的地方。

七、思考题

(1)如何减少二氧化碳的排放? 什么是碳达峰、碳中和?

(2)二氧化碳对环境的危害包括哪几个方面?

实验六

环境空气中总悬浮颗粒物的测定

总悬浮颗粒物(TSP)是指悬浮在空气中,空气动力学当量直径≤ 100 μm的颗粒物。总悬浮颗粒物可分为一次颗粒物和二次颗粒物。大量的研究显示,总悬浮颗粒物会导致污染非常严重,是影响城市空气质量的首要污染物。

TSP的来源以人为活动来源为主,其余则以湿沉降为主,对城市气候的影响主要通过两种方式:一种是通过散射或吸收太阳辐射直接影响气候;另一种是以云凝结核的形式改变云的光学特性和云的分布而间接影响气候。空气中TSP不仅是严重危害人体健康的主要污染物,而且也是气态、液态污染物的载体,其成分复杂,并具有特殊的理化特性及生物活性,是大气污染监测的重要项目之一。

本实验"环境空气中总悬浮颗粒物的测定"采用重量法。本方法适合于用大流量或中流量总悬浮颗粒物采样器(简称TSP采样器)。方法的检测限为0.007 mg/m³。总悬浮颗粒物含量过高或雾天采样使滤膜阻力大于10 kPa时,本方法不适用。

一、实验目的

(1)掌握重量法测定空气中总悬浮颗粒物(TSP)的方法。

(2)掌握中流量TSP采样器的操作技术。

二、实验原理

测定TSP的方法是基于重力原理制定的,即通过具有一定切割特性的采样器,以恒速抽取一定体积的空气,空气中粒径小于100 μm的悬浮颗粒物被截留在已恒重的滤膜上。根据采样前、后滤膜的质量差及采样体积,计算总悬浮颗粒物的浓度,以每立方米空气中总悬浮颗粒物的毫克数表示(mg/m³)。

滤膜经处理后,可进一步做组分分析。

三、仪器与试剂

1.仪器

(1)中流量采样器1套。

(2)超细玻璃纤维滤膜:Φ=90 mm的圆形滤膜。

(3)拉链式滤膜储存袋及储存盒。

(4)镊子。

(5)电子分析天平:精度0.000 1 g(即0.1 mg)。

(6)玻璃干燥器:内盛变色硅胶。

四、实验步骤

1.采样

(1)每张滤膜使用前均需用光照检查,不得使用有针孔或有任何缺陷的滤膜进行采样。

(2)将已恒重的待采样滤膜在规定条件下迅速称量(30 s内),读数准确至0.1 mg,记下该滤膜编号和质量后,将滤膜平展地放在光滑洁净的纸袋内,然后储存于盒内备用。采样前,滤膜不能弯曲或折叠。

(3)采样时,将已恒重的滤膜用小镊子取出,尘面向上,将其放在采样夹的网托上(网托事先用纸擦净),放上滤膜夹,拧紧采样器顶盖,然后开机采样,调节采样流量为100 L/min。

(4)一张滤膜可连续采样2~4 h。

(5)采样后,用镊子小心取下滤膜,使采样尘面朝内,以采样有效面积长边为中线对叠,将折叠好的滤膜放回表面光滑的纸袋并储于盒内。

2.样品测定

采样后的滤膜迅速称量(30 s内),读数准确至0.1 mg。

五、数据处理

$$\rho=(W-W_0)/V_t$$

式中:

W——样品和滤膜的总质量,mg;

W_0——空白滤膜质量,mg;

V_t——换算为参比状态下的采样体积,m^3;

ρ——总悬物颗粒物的浓度,mg/m^3。

六、注意事项

(1)由于采样器流量计表观流量与实际流量随温度、压力的不同而变化,所以采样器流量计必须校正后使用。

(2)已称量好的滤膜应平展地放在滤膜储存袋内,采样前不得将滤膜弯曲或折叠。

(3)要经常检查采样头是否漏气,当滤膜上颗粒物与四周白边之间的界限模糊,表明面板的密封垫没有垫好或密封性能不好,应更换面板密封垫,否则会导致测定结果偏低。

(4)样品采完后,打开采样头,用镊子轻轻取下滤膜,采样面向里,将滤膜对折,放入号码相同的滤膜储存袋中。取滤膜时,应注意滤膜是否出现物理性损伤及采样过程中是否有穿孔漏气现象,若发现有损伤、穿孔漏气现象,应作废重新取样。

七、思考题

(1)采样点如何选择?

(2)滤膜在恒重称重时应注意哪些问题?

实验七

环境空气中可吸入颗粒物指标的测定

可吸入颗粒物是指飘浮在空气中的固态和液态颗粒物总称,其粒径不大于 10 μm。可吸入颗粒物在环境空气中长期飘浮,对大气能见度影响很大。一些颗粒物来自污染源的直接排放,比如工业烟囱与车辆;另一些则是由环境空气中硫氧化物、氮氧化物、挥发性有机化合物及其他化合物互相作用形成的细小颗粒物,它们的化学和物理组成因地点、气候、一年中的季节不同而变化很大。可吸入颗粒物表面可吸附各种有害气体,成为污染物的载体,被人体吸入后会累积在呼吸系统中引发尘肺病等疾病。

可吸入颗粒物的测定指标一般是 PM_{10} 和 $PM_{2.5}$。PM_{10} 指悬浮在空气中,粒径 ≤ 10 μm 的颗粒物;$PM_{2.5}$ 指悬浮在空气中,粒径不大于 2.5 μm 的颗粒物。

一、实验目的

(1)掌握大气中可吸入颗粒物 PM_{10} 和 $PM_{2.5}$ 的测定原理与方法。

(2)掌握不同切割器中流量颗粒物采样器操作的基本技术及采样方法。

二、实验原理

分别通过具有一定切割特性的中流量颗粒物采样器,以恒速抽取定量体积空气,使环境空气中 $PM_{2.5}$ 和 PM_{10} 被截留在已知重量的滤膜上,根据采样前后滤膜的质量差和采样体积,计算出 $PM_{2.5}$ 和 PM_{10} 浓度。以每立方米空气中可吸入颗粒物的毫克数表示(mg/m^3)。

三、仪器与试剂

1.仪器

(1)中流量颗粒物采样器:带 PM_{10} 和 $PM_{2.5}$ 切割器的颗粒物采样器,流量 50 ~ 150 L/min。

(2)超细玻璃纤维滤膜:Φ = 8 ~ 10 cm。

(3)拉链式滤膜储存袋及储存盒。

(4)镊子。

(5)电子分析天平:感量为 0.1 mg(测定 PM_{10} 用)或 0.01 mg(测定 $PM_{2.5}$ 用)。

(6)恒温恒湿箱:箱内空气温度在 15 ~ 30 ℃ 范围内可调,控温精度 ±1 ℃。箱内空气相对湿度应控制在 50% ± 5%。测定 $PM_{2.5}$ 时用。

(7)玻璃干燥器:内盛变色硅胶。

四、实验步骤

1.样品采集

(1)将已恒重的待采样滤膜在规定条件下迅速称量(30 s内),读数准确至0.1 mg(测定PM$_{10}$)或0.01 mg(测定PM$_{2.5}$),记下滤膜的编号和质量,将滤膜平展地放在光滑洁净的纸袋内,然后储存于盒内备用。采样前,滤膜不能弯曲或折叠。

(2)采样时,采样器入口距地面高度不得低于1.5 m。如果测定交通枢纽处PM$_{10}$和PM$_{2.5}$,采样点应布置在距人行道边缘外侧1 m处。

(3)滤膜用小镊子取出,尘面向上,将其放在采样夹的网托上(网托事先用纸擦净),放上滤膜夹,拧紧采样器顶盖,然后开机采样,调节采样流量为100 L/min,滤膜增重多于10 mg时即可停止采样。测定PM$_{10}$和PM$_{2.5}$的日平均浓度时,其次数不应少于4次,每张滤膜累积采样时间应不少于18 h。

(4)采样后,用镊子小心取下滤膜,使采样尘面朝内,以采样有效面积长边为中线对叠,将折叠好的滤膜放回表面光滑的纸袋并储于盒内。

(5)将滤膜放在恒温恒湿箱中平衡24 h,平衡条件为:温度15~30 ℃,相对湿度控制在45%~55%范围内,记录平衡温度与湿度。在上述平衡条件下,用感量为0.1 mg或0.01 mg的分析天平称量滤膜,记录滤膜重量。同一滤膜在恒温恒湿箱(室)中相同条件下再平衡1 h后称重。对于PM$_{10}$和PM$_{2.5}$颗粒物样品滤膜,两次重量之差分别小于0.4 mg或0.04 mg为满足恒重要求。

备注:滤膜采集后,如不能立即称重,应在4 ℃条件下冷藏保存。

五、数据处理

$$\rho = \frac{W}{Q_n \times t}$$

式中:

W—采集在滤膜上的总悬浮颗粒物质量,mg;

t—采样时间,min;

Q$_n$—标准状态下的采样流量,m³/min;

ρ—可吸入颗粒的浓度,mg/m³。

六、注意事项

采样不宜在风速大于8 m/s等天气条件下进行。采样点应避开污染源及障碍物。

每张滤膜使用前均需用光照检查,不得使用有针孔或有任何缺陷的滤膜采样。

要经常检查采样头是否漏气,当滤膜上颗粒物与四周白边之间的界限模糊,表明面板的密封垫没有垫好或密封性能不好,应更换面板密封垫,否则会导致测定结果偏低。

样品采完后,打开采样头,用镊子轻轻取下滤膜,采样面向里,将滤膜对折,放入号码相同的滤膜储存袋中。取滤膜时,应注意滤膜是否出现物理性损伤及采样过程中是否有穿孔漏气现象,若发现有损伤、穿孔漏气现象,应作废重新取样。

七、思考题

试比较在测定可吸入颗粒物指标与总悬浮颗粒物指标时,两者在实验操作过程中的异同。

交通噪声的测定

噪声属于物理性污染(也称能量污染),也是危害人体健康的环境污染之一。噪声污染源分布广,与声源同时产生、同时消失,较难集中处理。从主观上看,人们生活与工作所不需要的、一切不希望存在的干扰声音都叫作噪声。从物理现象上判断,一切无规律的或随机的声信号叫作噪声。

环境噪声的来源包括交通运输噪声、工业噪声、建筑施工噪声和社会生活噪声等。噪声损害听力,干扰睡眠和工作、诱发疾病,强噪声还会影响设备正常工作,损坏建筑结构。测量噪声是有效预防和控制噪声的手段。

噪声监测包括城市声环境常规监测、工业企业噪声监测、建筑施工厂界噪声监测、固定设备室内噪声监测等,其中城市声环境常规监测又包括城市区域声环境监测、道路交通声环境监测和功能区声环境监测(分别简称区域监测、道路交通监测和功能区监测)。

噪声强度的测量常用声级计,噪声的评价指标常用等效连续A声级、噪声污染级和昼间等效声级等。

汽车道路交通噪声监测

一、实验目的

(1)能够分析道路交通噪声声级与车流量、路况等因素的关系和规律。

(2)掌握道路交通噪声的评价指标和评价方法。

二、实验原理

城市交通噪声的测量点选择如下。

在每两个交通路口之间的交通线上先设一个测点,在马路边人行道上(一般距马路沿20 cm),此处与任一路口的距离应大于50 m(路段不足100 m的,选取该路段的中点),所测噪声可代表两个路口之间该段马路的交通噪声。

在规定测量时间内,在各测量点进行测量,将数据整理后计算出等效连续A声级L_{eq}。

三、仪器与试剂

1.仪器

(1)AWA5633A型声级计。

(2)秒表。

四、实验步骤

（1）每组配备一台声级计，到各监测点进行测量。

（2）根据被测声音大小将量程置合适挡位，如无法估计其大小，应先将量程设置为中挡："50 ~ 110 dB"（高挡："70 ~ 130 dB"，低挡："30 ~ 90 dB"）。

（3）计权方式设置为"A"。

（4）读数方式按下述原则处理：声音较稳定用"F"挡；声音变化大用"S"挡（如表头指示数字的变化量超过 4 dB 时）。测量交通噪声一般用"S"挡。

（5）每隔 5 s 读一个瞬时 A 声级，连续读取 100 个数据。读数的同时要判断和记录附近主要噪声来源和天气条件，同时记录单向车流量。

五、数据处理

交通噪声是随时间起伏的无规则噪声，测量结果一般用统计值或等效声级表示，本实验用等效声级表示。

（1）有关符号的定义和含义。

L_{10} 表示有 10% 的时间超过的噪声级，相当于噪声的平均峰值。

L_{50} 表示有 50% 的时间超过的噪声级，相当于噪声的平均值。

L_{90} 表示有 90% 的时间超过的噪声级，相当于噪声的背景值。

（2）将各测点的测量数据由大到小顺序排列，找出 L_{10}、L_{50}、L_{90} 并求出等效声级 L_{eq}：

$$L_{eq} = 10 \times \lg \left(\frac{1}{100} \sum_{i=1}^{100} 10^{L_i/10} \right)$$

若符合正态分布，则可用下面的近似公式计算：

$$L_{eq} = L_{50} + \frac{d^2}{60}$$

其中：

$$d = L_{10} - L_{90}$$

六、注意事项

（1）声级计电池电压不足时应及时更换。更换时，电源开关应置于"关"，长时间不使用应将电池取出。

（2）每次测量前均应仔细校准声级计。

（3）在读取最大值时，若出现过量程或欠量程标志，应改变量程开关的挡位，重新测量。

（4）测量时天气应无雨雪，为防止风噪声对仪器的影响，在户外测量时要在传声器上装上风罩，风力四级以上时应停止测量。传声器的护罩不能随意拆下。

（5）注意反射对测量的影响，一般应使传声器远离反射面 2 ~ 3 m，手持声级计时应尽量使身体离开话筒，传声器离地面 1.2 m，距离人体至少 50 cm。

机场周围飞机噪声测量方法

一、实验目的

熟悉机场周围飞机噪声的测量方法和测量数据的计算方法。

二、仪器与试剂

精度不低于2型的声级计或机场噪声监测系统及其他适当仪器。

三、实验步骤

机场周围飞机噪声测量方法包括精密测量和简易测量。精密测量需要作出时间函数的频谱分析,简易测量只需经频率计权的测量。在此只介绍简易测量方法。

1.测量条件

(1)天气条件:无雨、无雪,地面上10 m高处的风速不大于5 m/s,相对湿度不应超过90%且不应小于30%。

(2)传声器位置:测量传声器应安装在开阔平坦的地方,高于此地面1.2 m,离其他反射壁面1 m以上,注意避开高压电线和大型变压器。所有测量都应使传声器膜片基本位于飞机标称飞行航线和测点所确定的平面内。

备注:在机场的近处应当使用声压型传声器,其频率响应的平直部分要达到10 kHz。要求测量的飞机噪声级最大值至少超过环境背景噪声级20 dB,测量结果才被认为可靠。

2.测量方法

(1)在机场附近的村庄、居民点、医院、学校等噪声敏感点处设测点;按1 000×500(米)划分监测网格点,由于等值线基本沿跑道中心线对称,监测网格点可设在机场航站楼区另一侧,一般不少于40个测点。

(2)读A声级或D声级最大值,记录飞行时间、状态、机型等测量条件。

(3)读取一次飞行过程的A声级最大值,一般用慢响应;在飞机低空高速通过及离跑道近的测量点时用快响应。

(4)当用声级计输出与声级记录器连接时,记录器的笔速对应于声级计上的慢响应为16 mm/s,快响应为100 mm/s。在记录纸上要注明所用纸速、飞行时间、状态和机型。

(5)同时还需记录测量日期、测量点位置、气温和高于地面10 m处的风向和风速。

四、数据处理

$$L_{EPN} = L_{AMAX} + 10\lg(t_d/20) + 13$$

式中:

L_{EPN}:有效感觉声级, dB;

L_{AMAX}:最大声级,dB;

t_d:持续测定的时间,s。

飞机噪声测量记录表

测点编号： 测点位置： 环境背景噪声： dB

测量日期： 年 月 日 监测人：

气象条件:气温 ℃ 湿度： % 风速： m/s 风向：

监测时间 （时/分/秒）	飞行状态 （起/降）	飞机型号	L_{AMAX}/dB	持续时间/s	L_{EPN}/dB	备注

测量仪器名称： 型号：

五、思考题

(1)等效声级的意义是什么？

(2)影响机场噪声测定的因素有哪些？如何注意？

道路照明的照度监测实验

光照强度是一种物理术语,指单位面积上所接收可见光的光通量,简称照度,单位是勒克斯(lx)。照度是用于指示光照的强弱和物体表面积被照明程度的量,照明装置在道路路面上的照度水平是决定道路照明质量的一个主要指标。

道路照明的设计和施工,须保证各种机动车辆的驾驶者和其他行人在夜间能随时辨认出道路上的各种情况而不觉得过分疲劳,对减少夜间交通事故、消除车辆堵塞、缓解交通拥挤十分重要。此外,如果照明系统和设备选择得当,对美化城市环境、维护社会治安也有良好的促进作用。国家在2015年颁布了《城市道路照明设计标准》(CJJ45—2015),用于规范在有关城市道路建设中关于照明的要求,照度标准值是指对照明装置进行维护的时候,作业面或参考平面上维持的平均照度,规定表面上的平均照度不得低于此标准值。表2.18和表2.19分别列出了机动车道和人行及非机动车道照明标准值。

表2.18 机动车道照明标准值

级别	道路类型	路面亮度		路面照度			眩光限制阈值增量(TI)最大初始值/%	环境比(SR)最小值
		平均亮度(L_{av})维持值/(cd/m²)	总均匀度(U_o)最小值	纵向均匀度(U_L)最小值	平均照度($E_{h,av}$)维持值/lx	均匀度(U_E)最小值		
I	快速路、主干路	1.50/2.00	0.4	0.7	20/30	0.4	10	0.5
II	次干路	1.00/1.50	0.4	0.5	15/20	0.4	10	0.5
III	支路	0.50/0.75	0.4	—	8/10	0.3	15	—

备注:1.表中所列的平均照度仅适用于沥青路面。若系水泥混凝土路面,其平均照度值可相应降低约30%。

2.表中各项数值仅适用于干燥路面。

3.表中对每一级道路的平均亮度和平均照度给出了两挡标准值,"/"的左侧为低挡值,右侧为高挡值。

4.迎宾路、通向大型公共建筑的主要道路,位于市中心和商业中心的道路,执行 I 级照明。

表2.19 人行及非机动车道照明标准值

夜间行人流量	区域	路面平均照度($E_{b,av}$)维持值/lx	路面最小照度($E_{h,min}$)维持值/lx	最小垂直照度($E_{v,min}$)维持值/lx
流量大的道路	商业区	20	7.5	4
	居住区	10	3	2
流量中的道路	商业区	15	5	3
	居住区	7.5	1.5	1.5
流量小的道路	商业区	10	3	2
	居住区	5	1	1

备注: 最小垂直照度为道路中心线上距路面1.5 m高度处,只计算垂直于路轴的平面的两个方向上的最小照度。

一、实验目的

(1)掌握光污染监测仪器的使用方法和光污染监测技术。

(2)巩固光照强度等物理性污染监测的有关内容。

二、测量条件

(1)根据需要,打开必要的光源,排除其他无关光源的影响。

(2)测量照度时应待光源的光输出稳定后再进行测量。

(3)对于照明的照度测量,应采用不低于一级的照度计,对于道路和广场照明的照度测量,应采用分辨力≤0.1 lx的照度计。

三、测量的路段和范围选择

1.测量路段的选择

宜选择在灯具的间距、高度、悬挑、仰角和光源的一致性等方面能代表被测道路的典型路段。

2.测量路段范围的选择

在道路纵向应为同一侧两根灯杆之间的区域;而在道路横向,当灯具采用单侧布灯时,应为整条路宽;对称布灯、中心布灯和双侧交错布灯时,宜取1/2的路宽。

四、测量步骤

1.将测量路段划分为若干个大小相等的矩形网格。

当路面的照度均匀度比较差或对测量的准确度要求较高时,划分的网格数可以多一些。当两根灯杆间距小于或等于50 m时,宜沿道路(直道和弯道)纵向将间距10等分;当两根灯杆间距大于50 m时,宜按每一网格边长小于或等于5 m等间距划分。在道路横向宜将每条车道三等分。当道路的照度均匀度较好或对测量的准确度要求较低时,划分的网格数可以少一些。纵向网格边长可按上述规定取值,而道路横向的网格边长,可取每条车道的宽度。

2.测量时先用大量程挡数,然后根据指示值大小逐步找到需测的挡数,原则上不允许在最大量程的1/10范围内测定。

3.指示值稳定后读数。

4.为提高测量的准确性,一个测点可取2~3次读数,然后取算术平均值。

五、实验数据记录和处理

1.数据记录

照度测量记录如表2.20所示。

表2.20　照度测量记录

测点	一次读数	二次读数	三次读数	平均读数
1				
2				
3				
4				
5				
6				
7				
8				
...				

2.数据处理

测量记录应包括以下内容:

(1)测量日期、测量时间、气候条件、测量人员姓名。

(2)测量地点、测量位置(包括城市、街道、路段名称等)。

(3)测量现场条件(包括环境条件、供电条件等)。

(4)采用的光源的种类、功率、总数。

(5)标有尺寸的照度测点位置图。

(6)测点高度。

(7)各测点的照度测量值。

(8)平均照度和照度均匀度计算结果。

(9)照度计型号、编号、检定日期。

六、实验注意事项

(1)测量应在清洁和干燥的路面或场地上进行,不宜在明月和测量场地有积水或积雪时进行测量。

(2)测量过程应排除杂散光射入光接收器,并应防止各类人员和物体对光接收器造成遮挡。

七、讨论与思考

(1)根据实测结果,利用相关照明标准,评价所测环境的照度水平。

(2) 对比分析自然光与人造光的光强数值,说明自然光光强大得多的原因。

第三部分

交通环境监测综合设计性实验

实验一

交通主干线空气质量监测实验

空气和废气监测分为空气质量监测和气体污染源监测两大类。空气质量监测又可分为环境空气质量监测和室内空气质量监测;气体污染源监测包括固定污染源监测和流动污染源监测。固定污染源又分为有组织排放源和无组织排放源,有组织排放源指烟囱、烟道和排气筒等,无组织排放源指设在露天环境中或车间、工棚里的无组织排放设施。流动污染源指汽车、飞机、轮船等交通工具排放的废气。治理大气污染,改善空气质量,加强大气污染科学防治力度、促进绿色发展是目前社会发展的形势所趋。

本实验以某交通主干线空气质量监测为例,介绍环境空气质量监测方案、气体样品采集与保存、样品预处理,典型空气监测项目的监测方法、分析测试、数据处理与结果评价、监测报告的编写等内容。

一、实验目的

(1)监测并评价某一交通主干线的空气质量。

(2)在现场调查的基础上,根据布点采样原则,确定采样点采样频率和采样时间,掌握溶液吸收法测定空气中 SO_2、NO_2 等气态污染物和 $PM_{2.5}$、PM_{10}(小时和日平均浓度)的采样和监测方法。

(3)根据污染物监测结果,计算空气质量指数(AQI),描述和评价该交通主干线空气质量状况,并根据现场调查予以说明。

二、交通主干线空气质量监测方案

1.资料收集及现场调查

交通主干线指城市机动车年平均日交通量超过 15 000 辆(当量标准小汽车)的快速道路。成立监测小组,进行现场调查,然后制订监测计划方案和可能发生情况的应变预案。准备领取或采购仪器、试剂,准备交通工具,配制试剂和调试仪器等。以上各项工作均需形成文件(纸质或电子版)。

2.交通主干线空气质量监测项目的确定

根据相关规定,目前我国环境空气污染物基本项目有 6 个:二氧化硫(SO_2)、二氧化氮(NO_2)、可吸入颗粒物(PM_{10})、一氧化碳(CO)、细颗粒物($PM_{2.5}$)、臭氧(O_3)。这 6 项污染物也是目前计入环境空气质量指数(AQI)的污染物。可以根据教学学时计划和教学仪器设备条件确定实验项目。

3.监测点位布设

一般应在行车道的下风侧,根据车流量的大小、车道两侧的地形、建筑物的分布情况等确定路边交通点的位置,采样口距离道路边缘不得超过20米,距离交叉口应大于25米,尽量减少机动车停车、启动的影响。

4.采样时间与频次

选择在开展实验教学期间,采集二氧化硫和二氧化氮等气态污染物,采样时间不短于2 h,PM_{10}和$PM_{2.5}$采样时间不短于20 h。

5.质量保证与质量控制

(1)采用平行样分析、空白实验等实验室内部质量控制措施进行控制。现场空白检验:样品分析时测定现场空白值,并与校准曲线的零浓度值进行比较。若空白检验超过控制范围,则这批样品作废。

(2)对仪器定期校准。

(3)每次采样前,应对采样系统的气密性进行认真检查。确认无漏气现象后,方可进行采样。

(4)在颗粒物采样时,采样前应确认采样滤膜无针孔无破损,滤膜的尘面应向上。

(5)滤膜采集后,如不能立即称重,应在4 ℃条件下冷藏保存;对分析有机成分的滤膜,采集后应立即放入−20 ℃冷冻箱内保存至样品处理前,为防止有机物的分解,不宜进行称重。

三、实验步骤

1.样品采集、运输和保存

到达监测位点后,观测并记录气象参数和天气状况。设置采样时间,调节流量至规定值,开始采集样品。采样过程中,应密切观察采样流量的波动和吸收液的变化,出现异常时要及时停止采样,查找原因。采样过程中应及时记录采样起止时间、流量,以及天气状况、气温、气压等参数,记录内容应完整、规范。采样后根据样品性质进行运输与保存。采样记录的内容及格式参见表3.1。

表3.1采样信息记录表

		采样日期:		采样地点:		经度:	纬度:	天气状况:		
监测项目	样品编号	采样时间		采样流量		气象参数				
		开始时间	结束时间	采样前	采样后	气温/℃	气压/kPa	相对湿度/%	风速/(m/s)	主导风向

2.样品测定及分析

其中5个环境空气污染物的基本项目及其手工分析方法列于表3.2。根据教学安排选择监测项目后,再用对应的方法进行测定分析。

表3.2　环境空气中污染物基本项目及其手工分析方法

序号	污染物项目	手工分析方法	标准编号
1	二氧化硫	甲醛吸收—副玫瑰苯胺分光光度法	HJ 482—2009
2	二氧化氮	盐酸萘乙二胺分光光度法	HJ 479—2009
3	一氧化碳	非分散红外法	GB 9801—88
4	PM_{10}	重量法	HJ 1263—2022
5	$PM_{2.5}$	重量法	HJ 1263—2022

四、监测报告编写

监测报告内容至少包括:任务来源、监测目的、现场调查、组织和人员分工、监测方案、准备工作、实施方案、质量保证(或实验室质量控制)、采样和样品保存、运输、实验室分析、数据处理、区域环境质量状况结论等。

五、参考资料

(1)《环境空气质量手工监测技术规范》(HJ 194—2017).
(2)《环境空气质量监测点位布设技术规范(试行)》(HJ 664—2013).
(3)《环境空气质量标准》(GB 3095—2012).
(4)刘琼玉,等.环境监测综合实验[M].

河流环境质量基础调查实验

水质监测对象广泛,包括环境水体(江、河、湖、海及地下水、水库、沟渠水等)和水污染源(生活污水、工业废水和医院污水等);水中污染物的种类繁多,包括化学型污染、物理型污染和生物型污染。因受到人力、物力、经费等各种条件的限制,不可能也没必要对所有项目一一监测,应根据实际情况选择监测项目。

河流污染是指直接或间接排入河流的污染物造成河流水质恶化的现象。污染物进入河流后,扩散快、流动性高,使污染的影响范围不限于污染发生区,上游遭受污染会很快影响到下游,甚至一段河流的污染,波及整个河道的生态环境(考虑到鱼的洄游等)。而且,河水是主要的饮用水源,污染物通过饮水可直接毒害人体,也可通过食物链和灌溉农田间接危及人体健康。因此,对河流水质进行监测可以及时掌握河流受污染情况,采取适当的措施进行治理,达到保护河流水质环境和生物健康的目的。

本实验以某河流的水质监测为例,介绍地表水环境质量监测方案的制订、水样采集与保存、水样预处理、典型监测项目的监测方法、分析测试、数据处理与结果评价、监测报告的编写等。

一、实验目的

通过对某河流水环境质量进行监测,掌握地表水监测方案的制订方法,熟悉地表水水样采集与保存技术,掌握水样预处理方法,掌握电导率、透明度、溶解氧、高锰酸盐指数、氨氮、叶绿素a、总氮、总磷等代表性水质指标的监测分析技术,学会采用综合营养状态指数法对所获得的数据进行湖泊营养状态评价,了解地表水环境质量监测报告的编写。

二、河流环境质量基础调查方案制订

1.收集资料及现场调查

成立工作小组进行现场初步调查,确定调查范围,河流长度,河流的对照断面、控制断面和消减断面点位,并做标记。确定河流两岸控制区域范围,说明理由。

2.监测项目的确定

目前,我国湖库环境质量例行监测的项目共有24个基本项目和透明度、电导率、叶绿素a、水位等指标。水质在线自动监测的项目为水温、pH值、溶解氧、电导率、浊度、氨氮、高锰酸盐指数、总有机碳、总氮、总磷和叶绿素a等指标。教学实验由于受到实验学时数的限制,重点选择溶解氧、氨氮、高锰酸盐指数、透明度、电导率、化学需氧量、总氮、总磷等指标进行监测。

3.监测位点布设

(1)监测断面的布设在宏观上能反映流域(水系)或所在区域的水环境质量状况和污染特征。应避开死水区、回水区、排污口处,尽量设置在顺直河段上,选择河床稳定、水流平稳、水面宽阔、无急流或浅滩且方便采样处。

(2)监测断面布设应考虑采样活动的可行性和方便性,尽量利用现有的桥梁和其他人工构筑物。应考虑水文测流断面,以便利用其水文参数,实现水质监测与水量监测的结合。

(3)监测断面的设置数量,应考虑人类活动影响,通过优化以最少的监测断面、垂线和监测点位获取具有充分代表性的监测数据,有助于了解污染物时空分布和变化规律。布设后应在地图上标明准确位置,在岸边设置固定标志。同时,以文字说明断面周围环境的详细情况,并配以照片,相关图文资料均应存入断面档案。

河流监测断面上设置的采样垂线参数与各垂线上的采样点设置应符合表3.3、表3.4的要求。

表3.3 江河、渠道采样垂线数的设置

水面宽度(b)	垂线数
b≤50 m	一条(中泓线)
50m<b≤100m	二条(左、右岸有明显水流处)
b>100m	三条(左、中、右)

注1:垂线布设应避开污染带,监测污染带应另加垂线。

注2:确能证明断面水质均匀时,可仅在中泓线设置垂线。

注3:凡在该断面要计算污染物通量时,应按本表设置垂线。

表3.4 江河、渠道采样垂线上采样点的设置

水深(h)	采样点数
$h≤5$ m	上层[a]一点
5 m<h≤10 m	上层、下层[b]两点
$h>10$ m	上层、中层[c]、下层三点

注:凡在该断面要计算污染物通量时,应按本表设置垂线。

[a]水面下或冰下0.5 m处。水深不到0.5 m时,在1/2水深处。

[b]河底以上0.5 m处。

[c]1/2水深处。

4.采样频次与采样时间

依据不同的水体功能、水文要素和污染源、污染物排放等实际情况,力求以最低的采样频次,取得最具有时间代表性的样品,既要满足反映水质状况的要求,又要切实可行。根据教学

安排选择合适的采样仪器、交通工具和时间进行采样。

5.质量保证与质量控制

(1)每个采样批次至少采集一个全程序空白样品,与水样一起送实验室分析。

(2)对仪器定期校准。

(3)采样人员应充分了解监测任务的目的和要求,了解监测点位的周边情况,掌握采样方法、监测项目、采样质量保证措施、样品的保存技术和采样量等,做好采样前的准备。

(4)采集样品时,应满足相应的规范要求,并对采样准备工作和采样过程实行必要的质量监督。

(5)采用校准曲线法进行定量分析时,仅限在其线性范围内使用。必要时,对校准曲线的相关性、精密度和置信区间进行统计分析,检验斜率、截距和相关系数是否满足标准方法的要求。若不满足,需从分析方法、仪器设备、量器、试剂和操作等方面查找原因,改进后重新绘制校准曲线。

三、实验步骤

1.样品采集、运输及保存

一般情况下,不允许采集岸边水样,确因特殊情况,需要在岸边采集水样时,应记录现场情况;在监测断面目视范围内无水或仅有不连贯的积水时,可不采集水样,应记录现场情况;结冰期、封冻期、解冻期采样时应在确保安全条件下,于河流主流上选择破冰点,破冰后水流有明显上涌,可采集水样;尽量选择在连续两天无降雨之后采样。若计划采样期间遇连续降雨,在确保安全的条件下,原则上避开明显有雨水汇入的区域,在水质充分混匀的区域或者汇入点上游区域采集水样,应记录现场情况;河流汇入河(湖)的河口断面出现倒流现象时,应采集水样并记录流向。采样信息记录表可参照表3.5。

水样运输前,应将样品瓶的外(内)盖盖紧,需要冷藏保存的样品应按照标准分析方法要求保存,并在运输过程中确保冷藏效果。装箱时应用减震材料分隔固定,以防破损。水样采集后宜尽快送往实验室。根据采样点的地理位置和各监测项目标准分析方法允许的保存时间,规划采样送样时间,选用适当的运输方式,以防延误。样品运输过程中应采取措施避免沾污、损失和丢失。

表3.5 采样记录表

水体名称		断面名称		经度		断面周边环境描述	
				纬度			
采样日期		天气状况		水面宽度/m		断面水质表现	
				深度/m			
采样位置		采样时间	样品编号	监测项目	样品贮存容器	采样体积	样品状态感官描述	保存方式
垂线	深度							

注1：断面周边环境：有无排污口、是否死水区/回水区、有无居民区/工业区/农业区等。
注2：天气状况：晴、雨、雪等。
注3：断面水质表观：水体颜色、气味（嗅）、有无悬浮物或泥沙、水面有无油膜、水体有无藻类等。
注4：样品状态感官描述包括：样品颜色、有无沉淀等。
注5：保存方式为①冷藏；②避光；③标签完好，采取有效减震措施；④其他保存方式直接注明。

2.样品测定及分析

需现场测定的项目（如pH值、溶解氧、水温、电导率、透明度、浊度等）优先选用现场测定方法，并尽量原位监测。实验室测定的项目可以根据教学安排选择合适的方法，地表水环境质量标准基本项目分析方法可参见表3.6。

表3.6 地表水环境质量标准基本项目分析方法

序号	项目	分析方法	最低检出限/(mg/L)	标准编号
1	水温	温度计法	—	GB 13195—91
2	pH值	玻璃电极法		HJ 1147—2020
3	溶解氧	碘量法	0.2	GB 7489—87
4	高锰酸盐指数	高锰酸盐指数法	0.5	GB 11892—89
5	化学需氧量	重铬酸盐法	10	HJ 828—2017
6	五日生化需氧量	稀释与接种法	2	HJ 505—2009

续表

序号	项目	分析方法	最低检出限/(mg/L)	标准编号
7	总磷	钼酸铵分光光度法	0.01	GB 11893—89
8	总氮	碱性过硫酸钾消解紫外分光光度法	0.05	HJ 636—2012
9	铬(六价)	二苯碳酰二肼分光光度法	0.004	GB 7467—87
10	挥发酚	4-氨基安替比林分光光度法	0.002	HJ 503—2009
11	石油类	紫外分光光度法	0.01	HJ 970—2018
12	阴离子表面活性剂	亚甲蓝分光光度法	0.05	GB 7494—87

四、监测报告编写

监测报告内容至少包括:任务来源、监测目的、现场调查、组织和人员分工、监测计划制订、准备工作、计划实施、质量保证(或实验室质量控制)、采样和样品保存、运输、实验室分析、数据处理、区域环境质量状况结论等。

五、参考资料

(1)奚旦立.环境监测实验[M].

(2)刘琼玉,等.环境监测综合实验[M].

交通主干线声环境质量现状监测

　　噪声是人们生活与工作中所不需要的、一切不希望存在的干扰声音,属于物理性污染,是危害人体健康的重要环境污染之一。噪声污染源分布广,且与声源同时产生、同时消失,较难集中处理。一般可以分为交通运输噪声、工业噪声、建筑施工噪声和社会生活噪声等。噪声损害听力、干扰睡眠和工作,还可能诱发疾病,强噪声还会影响设备正常工作,损坏建筑结构。对噪声进行测量,是有效预防和控制噪声的基础。

　　进行声环境现状调查的目的是:掌握评价监测范围内的声环境质量现状,声环境敏感目标和人口分布情况,为声环境现状评价和预测评价提供基础资料,也为管理决策部门提供声环境质量现状情况,以便与项目建设后的声环境影响程度进行比较和判别。

　　交通干线指铁路(铁路专用线除外)、高速公路、一级公路、二级公路、城市快速路、城市主干路、城市次干路、城市轨道交通线路(地面段)、内河航道等,应根据铁路、交通、城市等规划确定。近年来,我国经济社会快速发展,私家车数量激增,城市交通主干线交通噪声问题日益严重。本实验主要针对城市交通主干线的声环境质量现状进行监测。根据相关规定,道路两侧属于4a类声环境功能区,其环境噪声标准值如表3.7所示,昼间限值为70 dB(A),夜间限值为55 dB(A)。

表3.7　环境噪声标准值

功能区分类	划分内容	昼间/dB(A)	夜间/dB(A)
0类声环境功能区	康复疗养区等特别需要安静的区域	50	40
1类声环境功能区	以居住宅、医疗卫生、文化教育、科研设计、行政办公为主要功能,需要保持安静的区域	55	45
2类声环境功能区	以商业金融、集市贸易为主要功能,或者居住、商业、工业混杂,需要维护住宅安静的区域	60	50
3类声环境功能区	以工业生产、仓储物流为主要功能,需要防止工业噪声对周围环境产生严重影响的区域	65	55
4类声环境功能区	4a类:高速公路、一级公路、二级公路、城市快速路、城市主干路、城市次干路、城市轨道交通(地面段)、内河航道两侧区域	70	55
	4b类:铁路干线两侧区域	70	60

本实验以某交通主干线声环境质量监测为例,从资料收集及现场调查、交通主干线声环境质量监测项目的确定、监测点位布设、采样时间与频次和质量保证与质量控制这五个方面,详细介绍了该交通主干线的声环境质量现状监测方案,同时还描述了具体的实验步骤、数据的处理与评价以及监测报告的编写等内容。

一、实验目的

(1)掌握噪声测量仪器的使用方法和交通噪声的监测技术。

(2)了解交通噪声特征,并掌握交通噪声的评价指标。

二、交通主干线声环境质量现状监测方案

1.资料收集及现场调查

收集本实验要求监测点交通主干线所在的路段的相关资料。在完成资料收集的前提下,以小组为单位领取相关的监测仪器及试剂等,步行或乘坐安全的交通工具前往现场进行前期的现场调查,同时制订相应的监测计划和应变预案。以上各项工作均需形成文件(纸质或电子版)。

2.交通主干线声环境质量监测项目的确定

本实验需要测量交通主干线上某主干道旁三个测点的大型车、中小型车的车流量以及监测点位的瞬时声级。

3.监测点位布设

交通噪声的监测点位应选在市区交通干线两路口之间,道路边人行道上,距马路沿20 cm处,距两端的交叉路口均应大于50 m,测点离地面高度大于1.2 m,并尽量避开周围的反射物,离反射物至少3.5 m。

4.采样时间与频次

根据监测点位布设,选取某主干道旁三个测点,每个点位重复2组测定,取平均值。每组测量使用声级计每5 s采样一次,共200次以统计分析。声级计使用时垂直指向马路,某一测点每次测量20 min的连续等效A声级。

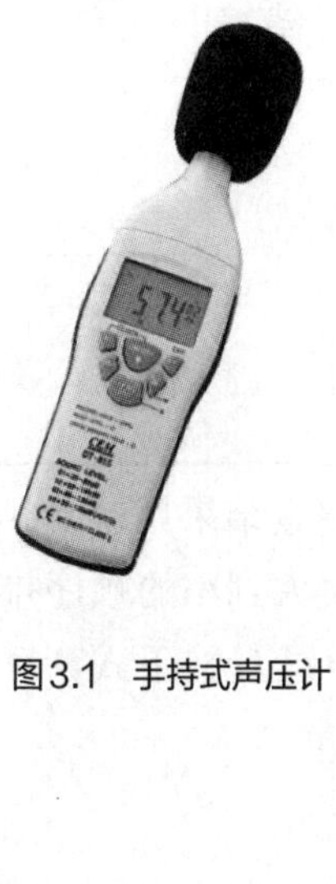

5.质量保证与质量控制

(1)天气条件要求无雨雪、无雷电,风速为5 m/s以下。

(2)使用2型或2型以上的积分平均声级计或环境噪声自动监测仪器(如图3.1所示手持式声压计),性能符合测试的规定,并定期校验。

(3)测量时传声器加防风罩,减少风噪声影响。

(4)测量时避开非道路交通源的干扰,如音响、工业设备噪

图3.1 手持式声压计

151

声等。

(5)本实验采用等效连续声级、累计百分声级、昼夜间等效声级对测量的交通噪声进行评价。昼间是指 6:00~22:00,夜间指 22:00~次日 6:00。交通噪声监测应避开节假日和非正常工作日,务必注意道路安全。

三、实验步骤

1.准备好符合要求的仪器,并校准。测量前后使用声校准测量仪器的示值偏差不得大于 0.5 dB(A)。

2.根据测点要求分别在选定的测量位置布置测点。监测因子为等效连续 A 声级,选取某主干道旁三个测点,每个点位重复 2 组测定,取平均值。

3.在仪器上设置好时间间隔、频率计权、采样时间、采样模式等并做好记录。每组测量使用声级计每 5 s 采样一次,共测量 200 次。

4.在测量时段,记录各类车辆(中小型车、大型车)通过测点的数量,供测量结果分析参考。

5.对实验数据进行处理、计算,并根据相关标准对所测路段进行交通噪声评价。

四、数据的处理与评价

测量结果中应包括测量路段、环境简图、测量时段、测量时段的气象条件、小时车流量、车流特征的简单描述,以及测量数据列表,并计算出评价量,并加以讨论。相关数据的记录格式如表3.8和表3.9所示。

表3.8　交通主干线声环境监测瞬时声级记录表

测量时间:	测量人:
测量地点:	
天气:	仪器:
监测点:	连续读取瞬时声级总个数:

瞬时声级数据记录,单位为dB(A):

备注:

测量结果用统计声级或等效连续 A 声级表示。将各监测点昼间和夜间的测量数据分别按照由大到小的顺序排列,找出统计声级 L_{10}、L_{50}、L_{90}、L_{max}、L_{min},计算等效连续 A 声级 L_{eq}。等效连续 A 声级 L_{eq} 按下式计算:

$$L_{eq} \approx L_{50} + \frac{(L_{10} - L_{90})^2}{60}$$

式中：

L_{eq}——等效连续 A 声级,dB(A)；

L_{10}——测量时间内,10% 的时间超过的噪声级,相当于噪声的平均峰值,dB(A)；

L_{50}——测量时间内,50% 的时间超过的噪声级,相当于噪声的平均值,dB(A)；

L_{90}——测量时间内,90% 的时间超过的噪声级,相当于噪声的背景值,dB(A)。

表3.9　道路交通噪声昼夜监测数据

监测点	监测时间	车流量/(辆/h)			等效连续A声级 L_{eq}/dB(A)		
		大型车	中型车	小型车	最大值	最小值	平均值

　　评价方法:根据《环境噪声监测技术规范城市声环境常规监测》(HJ 640—2012)中对道路交通噪声平均值的强度级别评价方法,见表3.10。

表3.10 道路交通噪声强度等级划分

等级	一级	二级	三级	四级	五级
昼间平均等效声级/[dB(A)]	≤68.0	68.1~70.0	70.1~72.0	72.1~74.0	>74.0
夜间平均等效声级/[dB(A)]	≤58.0	58.1~60.0	60.1~62.0	62.1~64.0	>64.0
对应等级	好	较好	一般	较差	差

五、监测报告编写

监测报告内容至少包括:任务来源、监测目的、现场调查、组织和人员分工、监测计划、准备工作、监测计划现场实施、质量保证(或实验室质量控制)、数据处理、区域环境质量状况结论等。

六、参考资料

(1)《电声学 声级计第1部分:规范》(GB/T 3785.1—2010).

(2)《积分平均声级计》(GB/T 17181—1997).

(3)吴帆.城市交通主干道周边高校声环境测量与分析:以北京联合大学北四环校区为例[J].

实验四

船舶油污染监测调查实验

海洋环境污染损害是指由船舶直接或者间接地把物质或者能量引入水环境,产生损害生物资源、危害人体健康、妨害渔业和水上其他合法活动、损害水资源使用和减损环境质量等有害影响的事故。在海洋环境污染中,航运业造成的污染较大,其中油污染是船舶污染事故的主要污染物之一。海洋中的油污染可能会导致一些海洋生物死亡或改变其身体器官功能和生殖能力,还可能会对海洋生态造成非常严重的危害。因此,船舶油污染问题需要引起人们重视。

事故调查都具有相应的法律依据,船舶油污染事故调查的国内立法包括《中华人民共和国海洋环境保护法》、《防治船舶污染海洋环境管理条例》、《中华人民共和国海上船舶污染事故调查处理规定》等。2001年我国交通部发布的《船舶油污染事故等级》(JT/T 458—2001)中将船舶油污染划分为四类,详见表3.11。

表3.11　船舶油污染事故等级

事故等级	油船	油船和非油船	
	货油	船用油	油性混合物
重大事故	入水量>10 t 经济损失>30万元	入水量>1 t 经济损失>10万元	
大事故	5 t<入水量≤10 t 10万元<经济损失≤30万元	0.1 t<入水量≤1 t 5万元<经济损失≤10万元	经济损失>5万元
一般事故	0.5 t<入水量≤5 t 3万元<经济损失≤10万元	0.01 t<入水量≤0.1 t 2万元<经济损失≤5万元	2万元<经济损失 ≤5万元
小事故	入水量≤0.5 t 经济损失<3万元	入水量≤0.01 t 经济损失≤2万元	经济损失≤2万元

同时,为促进船舶水污染物排放控制技术的进步,推进船舶污染物接收与处理设施建设,推动船舶及相关装置制造业绿色发展,我国颁布了《船舶水污染物排放控制标准》(GB 3552—2018),在此标准中对于船舶含油污水排放控制进行了明确的要求,详见表3.12。

表3.12　船舶含油污水排放控制要求

污水类别	水域类别	船舶类别		排放控制要求
机器处所油污水	内河	2021年1月1日之前建造的船舶		自2018年7月1日起,按《船舶水污染物排放控制标准》(GB 3552—2018)4.2执行或收集并排入接收设施
		2021年1月1日及以后建造的船舶		收集并排入接收设施
	沿海	400总吨及以上船舶		自2018年7月1日起,按《船舶水污染物排放控制标准》(GB 3552—2018)4.2执行或收集并排入接收设施
		400总吨及以下船舶	非渔业船舶	自2018年7月1日起,按《船舶水污染物排放控制标准》(GB 3552—2018)4.2执行或收集并排入接收设施
			渔业船舶	(1)自2018年7月1日起至2020年12月31日止,按《船舶水污染物排放控制标准》(GB 3552—2018)4.2执行或收集并排入接收设施 (2)自2021年1月1日起,按《船舶水污染物排放控制标准》(GB 3552—2018)4.2执行或收集并排入接收设施
含货油残余物的油污水	内河	全部油船		自2018年7月1日起,收集并排入接收设施
	沿海	150总吨及以上船舶		自2018年7月1日起,收集并排入接收设施,或在船舶航行中排放,并同时满足下列条件: (1)油船距最近陆地50海里以上; (2)排入海中油污水含油量瞬间排放率不超过30升/海里; (3)排入海中油污水含油量不得超过货油总量的1/30 000; (4)排油监控系统运转正常
		150总吨及以下船舶		自2018年7月1日起,收集并排入接收设施

2019年7月29日,我国生态环境部发布公告,旨在规范船舶水污染物排放控制与监督实施。公告指出,自公告发布之日起,监测《船舶水污染物排放控制标准》规定的石油类指标《水质 可萃取性石油烃(C_{10}-C_{40})的测定　气相色谱法》(HJ 894—2017)。本实验以某地区船舶油污染监测为例,详细介绍了船舶油污染监测调查实验方案,并介绍了样品采集、运输和保存、样品前处理、样品测定、结果分析、监测报告的编写等内容。

一、实验目的

(1)掌握船舶污水处理排放水中油含量检验原理和方法。

(2)了解船舶油污染特征和危害。

二、船舶油污染监测调查实验方案

1.资料收集及前期工作

通过文献查阅以及搜集相关环境标准的方式,了解测定船舶油污染的方法,同时收集监测点的水质状况信息,了解水体船舶油污染的严重程度。在此基础上,以小组为单位,选取合适的地点进行现场调查,根据初步调查结果制订监测计划方案,然后准备相应的材料和工具,实施方案。

2.船舶油污染监测项目的确定

根据《船舶水污染物排放监测技术要求》(JT/T 1361—2020),经船载污水处理装置处理后的机器处所油污水和生活污水的污染物监测项目见表3.13。

表3.13 经船载污水处理装置处理后的机器处所油污水和生活污水的污染物监测项目

污染物类别	船舶类别	监测项目
机器处所油污水	安装舱底水分离器的船舶	石油类
生活污水	在2012年1月1日以前安装(含更换)生活污水处理装置的船舶	五日生化需氧量、悬浮物、耐热大肠菌群数
	在2012年1月1日及以后安装(含更换)生活污水处理装置的船舶	化学需氧量、五日生化需氧量、悬浮物、耐热大肠菌群数、pH值、总氯(总余氯)
	在2021年1月1日及以后安装(含更换)生活污水处理装置并向内河排放生活污水的客运船舶	化学需氧量、五日生化需氧量、悬浮物、耐热大肠菌群数、pH值、总氯(总余氯)、总氮、氨氮、总磷

在本实验中主要对船舶油污染进行监测调查,根据《船舶水污染物排放控制标准》(GB 3552—2018)及《船舶水污染物排放监测技术要求》(JT/T 1361—2020)规定,船舶油污染监测项目为石油类中的水质可萃取性石油烃(C_{10}–C_{40})。

3.监测点位布设

监测点位在平面上的分布要有代表性,要能够全面反映被监测区域的水质状况。

(1)有大量废污水排入江、河的主要居民区、工业区的上下游,支流与干流集合处,入海河流河口及受潮汐影响的河段,湖泊、水库出入口,应设置监测断面。

(2)饮用水水源地和流经主要风景浏览区、自然保护区、与水质有关的地方病病发区、严重水土流失区及地球化学异常区的水域或河段,应设置监测断面。

（3）监测断面位置要避开死水区、回水区、排污口处,尽量选择河床稳定、水流平稳、水面宽阔、无浅滩的顺直河段。

（4）监测断面应尽可能与水文监测断面一致,以便利用其水文资料。

4.采样时间与频次

在船舶油水分离装置外排水采用混合水样法进行采样。即在同一采样点,每次用同一采样容器,按等体积、等时间间隔的方式于油水分离装置排水管的取样点采集排放水的样品。

5.质量保证与质量控制

（1）采样人员应充分了解监测任务的目的和要求,了解监测点位的周边情况,掌握采样方法、监测项目、采样质量保证措施,样品的保存技术和采样量等,做好采样前的准备。

（2）如果采样容器的容积有限,一次采样不能满足所需样品量,可多次采集,并在较大的容器中混匀后再装入样品容器中。

（3）萃取过程中出现乳化现象时,可采用盐析、搅动、离心、冷冻等方法破乳。浓缩过程试样体积不得少于1 mL,否则回收率偏低。

（4）每20个样品或每批样品（少于20个样品/批）至少做1个空白实验,空白值应低于方法检出限（当取样量为1 000 mL时,方法检出限为0.01 mg/L,测定下限为0.04 mg/L）。

（5）由于本方法定量方式为$C_{10}H_{22}$至$C_{40}H_{82}$总峰面积积分,如果柱流失过大会导致结果偏高,因此需定期检查柱流失的谱图,以免色谱柱性能变化带来偏差。

三、实验步骤

1.样品采集、运输和保存

用1 L具磨口塞的棕色玻璃瓶采集约1 000 mL样品。当水样中石油烃含量过高时,可适当减少采样体积。

向采集好的样品中加入(1+1)盐酸溶液将样品溶液酸化至pH ≤ 2。所采样品于4 ℃冷藏保存,此外,样品需要于14 d内进行萃取,并于40 d内分析。

2.样品前处理

（1）样品萃取。

将样品全部转移至2 L具聚四氟乙烯旋塞的分液漏斗中,量取60 mL二氯甲烷洗涤样品瓶后,全部转移至分液漏斗,振荡萃取5 min(注意放气),静置10 min,待两相分层,收集下层有机相。再加入60 mL二氯甲烷,重复上述操作,合并萃取液。将萃取液通过无水硫酸钠脱水。将水相全部转移至1 000 mL量筒中,测量样品体积并记录。

（2）样品浓缩和净化。

使用浓缩装置(旋转蒸发装置、K-D浓缩器或氮吹仪等浓缩装置)将萃取液浓缩至约1 mL(浓缩二氯甲烷参考条件:水浴温度35 ℃,真空度为750 hPa),加入10 mL正己烷,浓缩至约1 mL(浓缩正己烷参考条件:水浴温度35 ℃,真空度为260 hPa),再加入10 mL正己烷,最后浓缩至约 1 mL。

依次用 10 mL(1+4)二氯甲烷—正己烷溶液、10 mL 正己烷用于活化硅镁型净化柱(净化柱的装填:将 1 000 mg 活化后的硅镁型吸附剂放入 50 mL 烧杯中,加入适量正己烷,将硅镁型吸附剂制备成悬浮液。然后将悬浮液倒入净化柱中,轻敲净化柱以填实吸附剂。也可选用相同类型填料的商用净化柱)。当净化柱上的正己烷近干时,将浓缩液全部转移至净化柱中,用约 2 mL 正己烷洗涤收集瓶,洗涤液一并上柱,用 10 mL(1+4)二氯甲烷-正己烷溶液进行洗脱,靠重力自然流下,收集洗脱液于浓缩瓶中。

备注:1 g 硅酸镁净化柱对石油烃的净化能力为 5 mg,若测定结果石油烃总量超过 5 mg,则萃取液需合理稀释后分取,重新净化后测定。

(3)浓缩定容。

将洗脱液使用浓缩装置浓缩至约 1 mL,用正己烷定容至 1.0 mL,待测。此外,用实验室的蒸馏水完成以上(1)、(2)、(3)的步骤,制备空白样品。

3.样品测定

(1)调整仪器

气相色谱仪进样口温度:320 ℃,色谱柱流速:2.0 mL/min;柱箱温度:初始温度 60 ℃保持 1 min,以 8 ℃/min 升到 290 ℃,再以 30 ℃/min 升到 320℃保持 7 min。FID 检测器温度:330 ℃,氢气流量:40.0 mL/min,空气流量为 350.0 mL/min,尾吹气流量:30.0 mL/min。

进样方法:不分流进样,进样 0.75 min 后分流,分流比 30∶1,进样体积:1.0 μL。

采集柱流失图谱,用于扣除柱流失峰面积。

(2)建立校准曲线。

取 5 个 10 mL 棕色容量瓶,分别加入适量的正己烷,用微量注射器分别加入 10、50、100、500、1000 μL C_{10}-C_{40} 正构烷烃标准溶液,用正己烷定容,混匀。配制成正构烷烃质量浓度分别为 1.0、5.0、10.0、50.0、100.0 mg/L 的标准系列。以标准系列总质量浓度(mg/L)为横坐标,对应的总色谱峰峰面积为纵坐标,建立校准曲线。

(3)测定。

按照上述条件对样品及空白样品进行测定,并对测定结果进行准确记录。

4.结果分析

(1)定性分析。

根据色谱图组分保留时间对目标化合物进行定性,色谱图见图3.2。

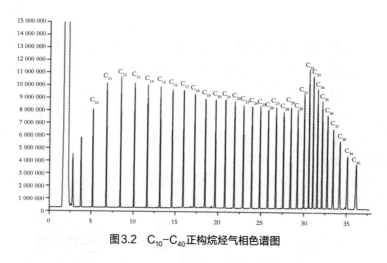

图3.2 C_{10}-C_{40}正构烷烃气相色谱图

C_{11}-C_{40}目标化合物采用定总量的方式,即目标化合物积分从n-$C_{10}H_{22}$(包含)出峰开始时开始,到n-$C_{40}H_{82}$(包含)出峰结束,计算C_{10}-C_{40}的总峰面积(此处峰面积为扣除柱流失后的总峰面积),柱流失色谱图见图3.3。

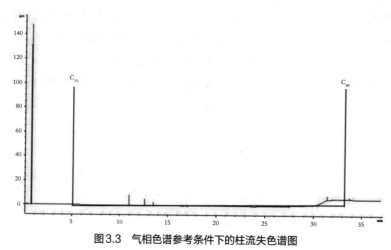

图3.3 气相色谱参考条件下的柱流失色谱图

(2)定量分析。

根据保留时间窗口内目标化合物的总峰面积(此处的总峰面积为扣除柱流失后的总峰面积),由外标法得出目标化合物的总浓度。水样中可萃取性石油烃(C_{10}-C_{40})的质量浓度ρ (mg/L),按下式进行计算:

$$\rho = \frac{A_x - a}{b} \times \frac{V_1}{V} \times \frac{1}{1000} \times f$$

式中:

ρ——水样中可萃取性石油烃(C_{10}-C_{40})的质量浓度,mg/L;

A_x——目标化合物的总峰面积(此处的总峰面积为扣除柱流失后的总峰面积);

a——校准曲线的截距;

b—校准曲线的斜率；

V—水样体积，L；

V_1—空白样品体积，mL；

f—为稀释倍数。

备注：当测定结果大于等于1.00 mg/L时，数据保留三位有效数字；当结果小于1.00 mg/L时，保留小数点后两位。

四、监测报告编写

监测报告内容至少包括：任务来源、监测目的、前期背景调查、监测计划制订、准备工作、计划实施、采样和样品运输、保存、实验室分析、数据处理、实验结论等。根据样品的定性定量分析，进一步分析船舶油污染的水体污染状况，并在结论中提出相应的改进建议。

五、参考资料

(1)姜雨昕.船舶污染事故调查处理法律问题研究

(2)《船舶油污染事故等级》(JT/T 458—2001)

(3)《船舶水污染物排放控制标准》(GB 3552—2018)

公路沿线未知固体废物调查及危险特性鉴别实验

固体废物(固废)是指在日常生产、生活和其他活动中产生的丧失原有利用价值或者虽未丧失利用价值但被抛弃或者放弃的固态、半固态和置于容器中的气态物品以及法律、行政法规规定纳入固废管理的物品。

固体废物可以分为生活垃圾、工业固体废物以及危险废物等。近年来,随着我国公路网的不断建设和完善,公路环境保护问题日益成为人们所关注的重点,公路在建造施工以及运行使用过程中会产生一些已知的固体废物,包括弃土弃渣、建筑垃圾、沥青废料、生活垃圾等,以及一些未知的固体废物,一般来源于非法倾倒、突发环境事故等。对于已知的固体废物可以根据其化学性质进行焚烧填埋等处置,而对于未知的固体废弃物,由于其化学性质不确定,危险特性以及来源不明,存在巨大的环境风险隐患,必须先对未知的固体废物进行物理辨识与危险特性鉴别,了解其物理化学性质,才能制订解决方案进行迅速处置,防止其对大气、土壤、水体的二次污染。

本实验以某公路沿线未知固体废弃物为例,介绍固废调查及危险特性鉴别的基本流程,包括前期现场的调查、方案的制订、样品采集与保存、样品的预处理、危险特性鉴别指标分析测试、数据的处理与评价以及调查鉴别报告的编写等内容。

一、实验目的

(1)掌握未知固体废弃物调查方案的制订以及采样方法。

(2)掌握固体废弃物的危险特性鉴别指标及鉴别方法。

二、未知固体废弃物调查及其危险特性鉴别方案

1.资料收集与前期调查

初步掌握公路沿线未知固体废弃物分布的地点以及现场倾倒、堆放或填埋情况。

2.采样方案

根据前期现场的调查情况,结合相关规定制订采样计划和方案。方案内容包括采样目的和要求、背景调查和现场踏勘、采样程序、安全措施、质量控制、采样记录和报告等。

3.未知固体废物危险特性鉴别项目的确定

根据相关规定的鉴别标准,凡是存在以下一种或一种以上危险特性的固体废弃物均属于危险固废:腐蚀性、毒性、易燃性、反应性等,可以根据未知固废属性以及教学学时、设备条件确定鉴别项目。

4.数据统计分析与评估

5.质量保证

(1)采样前,设计详细的采样方案,实施过程认真按照采样方案操作。

(2)对采样以及测试分析人员进行培训。熟悉固体废物的性状、掌握采样技术、懂得安全操作分析。

(3)采样工具材质不能和待采固废有任何反应,采样工具应干燥清洁,便于使用、清洗、保养、检查和维修。正式使用前需做可行性实验。

(4)采样过程中要防止待采固废受到污染和发生变质。

(5)与水、酸、碱有反应的固废应在隔绝水、酸、碱的条件下采样。

三、实验步骤

1.样品采集、运输与保存

选取存在未知固体废物的典型代表性公路沿线,根据现场情况进行采样,重量不少于3 kg,并根据样品性质进行运输与保存。采样过程中做好采样记录,包括采样地点、采样时间,样品的状态,采样现场描述、采样人员以及样品保存及注意事项等信息。采样具体信息记录于表3.14中。

表3.14　公路沿线未知固体废弃物采样原始记录表

未知样品编号		采样数量	
采样地点		采样日期	
采样人员			
采样现场描述			
样品可能含有的主要有害成分			
样品保存及注意事项			
备注			

2.物理特性分析

分别对采集的样品进行物理观察和气味辨识,初步识别未知固体废弃物可能的行业来源以及可能的主要成分。然后采集相同行业的固体废物样品作为对比样品与未知固废进行对比,以便进一步确认其行业来源。将观察对比的结果填于表3.15。同时测定未知固体废弃物的含水率指标,参照《固体废物　水分和干物质含量的测定　重量法》(HJ 1222—2021)。

表3.15 固体废弃物样品与类比样品的物理特性比对

样品名称	状态	颜色	气味	备注

3.危险特性鉴别指标及相应标准

通过对未知的固体废弃物物理特性的筛别,可以初步判断该不明固体废弃物的行业来源,根据行业来源有针对性地确定危险鉴别项目,并根据结果判别该批固体废弃物是否为危险废物。若知道固体废弃物的种类来源,可以对照《国家危险废物名录》,若在名录中,则直接判定为危险废物,若不明确固体废弃物的来源及其化学性质,则按照《危险废物鉴别标准 通则》(GB 5085.7—2019)中规定的鉴别标准进行鉴别,凡具有腐蚀性、毒性、易燃性、反应性等一种或一种以上危险特性的,属于危险废物。相应鉴别的指标和标准列于表3.16。

表3.16 固体废弃物危险特性鉴别指标及其相应标准

序号	鉴别指标	鉴别标准	标准编号
1	腐蚀性	《危险废物鉴别标准 腐蚀性鉴别》	GB 5085.1—2007
2	急性毒性	《危险废物鉴别标准 急性毒性初筛》	GB 5085.2—2007
3	浸出毒性	《危险废物鉴别标准 浸出毒性鉴别》	GB 5085.3—2007
4	易燃性	《危险废物鉴别标准 易燃性鉴别》	GB 5085.4—2007
5	反应性	《危险废物鉴别标准 反应性鉴别》	GB 5085.5—2007
6	毒物性质含量	《危险废物鉴别标准 毒性物质含量鉴别》	GB 5085.6—2007

四、鉴别报告的编写

未知固体废弃物调查与监测报告的内容至少包括:任务背景、监测目的、现场采样调查、组织和人员分工、方案的制订、采样和样品运输、保存、实验室危险特性指标的分析、数据处理、未知固体废弃物的来源以及危险特性判断的结论等。

五、参考资料

(1) 吴鄂飞,黄芳,汪晓鸣,等.不明固体废弃物的鉴别与危险性评估[J].

(2)李海波,王桂书,吕玉新.突发不明固体废弃物的环境应急监测个案实用技术研究[J].

实验六

内河航运对浮游植物的影响研究

大量驳船的运输及水路航行为社会带来便利的同时,也会对河流生态系统的化学和生物组成以及流体动力学产生干扰,进而导致水环境恶化、水生态退化和生物多样性丧失等问题,不利于水资源利用、水安全保障和水文化建设。

水体中浮游植物是水生态系统重要的初级生产者,在营养动态、物质循环、污染物降解和水体自净等方面发挥基础和关键作用。它们在水生食物链中具有重要作用,因此被认为是水生生态系统生物评估的关键的指标。绝大多数淡水浮游植物是单细胞生物,对水生生态系统中的外部扰动极为敏感,其变化不仅能反映水生生态系统的健康状态,还可以影响水生生态系统的结构和功能,因此了解河流中浮游植物的种类、组成及其受内河航运变化影响后的特点和规律,可以为内河航运整改、水域环境保护以及资源合理开发利用提供生物学依据和基础数据。

一、实验目的

(1)掌握浮游植物采集、浓缩和计数的常用方法。

(2)了解浮游植物的常见种类。

(3)理解通过水样中浮游植物的数量及种类,评价该环境水体的水质状况。

二、内河航运对浮游植物的影响研究方案

1.资料收集及前期工作

前期通过文献查阅以及相关环境标准来收集测定浮游生物的方法,通过了解当地重要的航运码头以及航运路线,选取合适地点进行现场调查,根据初步调查结果制订监测计划方案,准备相应的材料和工具,进行方案的实施。

2.监测点位布设

采样点在平面上的分布要有代表性。在船只停靠的码头港口和代表性航行河道两岸以及江心设置采样点,在同一采样点上,根据需要分层采样,也可进行表采水、底采水后等量混合。每个样品要求采1 000 mL,同时在该条河流未受航运干扰的地方采集空白样。河流采集样品时,垂直和垂线点位布设原则如表3.17和表3.18所示。

表3.17　河流样品采集垂直布设表

水面宽	垂线数	说明
≤50 m	一条	
50 m～100 m	两条	垂线布设应避开污染带
≥100 m	三条	

表3.18　河流样品采集垂线点位布设表

水深	采样点数
≤2 m	一点(水面0.5 m以下设一点)
2 m～10 m	二点(水面下0.5 m处和河底以上0.5 m处各设一点)
>10 m	三点(水面下0.5 m处、1/2水深处和河底以上0.5 m处各设一点)
≥50 m	应酌情设置采样点数

3.采样时间与频次

浮游植物由于漂浮于水中,群落分布和结构随环境的变更而变化较大,在条件允许(天气晴朗、风速较小)的情况下分别在旱季和雨季采样,每月各一次,每个采样位点分别在船只经过前30 min、途径、以及经过后30 min采样。

4.分析指标的确定

采样河流应该对水质常见指标进行测定,浮游植物应进行定性定量分析,根据定性定量的测定结果对浮游植物生物多样性、丰度、优势种、均匀度等进行评价,判断内河航运对浮游植物的生长情况以及该条水域的水质达标情况。

5.质量保证

(1)采样人员应充分了解监测任务的目的和要求,了解监测点位的周边情况,掌握采样方法、监测项目、采样质量保证措施、样品的保存技术和采样量等,做好采样前的准备。

(2)采集样品时,应满足相应的规范要求,并对准备工作和过程实行必要的质量监督。当环境条件较为复杂(如水流速和风速较大、周边有家禽或野生动物活动,附近存在人为扰动等)时,可由两名监测人员同时采集平行样品。

三、实验步骤

1.样品采集与保存

根据预设的采样点采集定性样品和定量样品,用4%的甲醛溶液固定,现场采样时按表3.19做好信息记录。

定性样品:使用25号浮游生物网(图3.4左)采集定性样品。关闭浮游生物网底端出水活塞开关,根据设置的采样深度,以20~30 cm/s的速度做"∞"形往复摆动,缓慢拖动约1~3 min,待网中明显有浮游植物进入时,将浮游生物网提出水面,网内水通过网孔自然滤出,待底部剩少许水样(5~10 mL)时,将底端出口移入广口聚乙烯采样瓶中,打开底端活塞开关收集定性样品。定性样品于冷藏避光条件下保存,并于36 h内完成检测。

定量样品:使用采水器(图3.4右)采集1~2 L样品至广口聚乙烯采样瓶中。若水体透明度较高,浮游植物数量较少时,应酌情增加采样体积。定量样品采集完成后,广口瓶不应装满,以便摇匀,于冷藏避光条件下保存并36 h内测定。

表3.19　浮游植物现场采样记录表

点位:	采水深度:
经纬度:	
采样日期:	采样时间:
采样人:	批次编号:
采样方法:定性　　定量	调查目的:

图3.4　浮游生物网(左);采水器(右)

2.样品的分析指标和评价方法

(1)水体常见指标的测定。

水温、电导率、盐度、浊度、溶解氧、pH值等基础数据由水质多参数仪在采样原位进行现场测定。透明度使用塞氏盘现场测定。其他总磷、总氮、氨氮、叶绿素a等水质指标按照表3.20列出的相应检测标准进行分析测定。

表3.20　常见水质指标的测定方法

测定指标	测定标准	标准编号
总磷	《水质　总磷的测定　钼酸铵分光光度法》	(GB 11893—89)
总氮	《水质　总氮的测定　碱性过硫酸钾消解紫外分光光度法》	(HJ 636—2012)
氨氮	《水质　氨氮的测定　纳氏试剂分光光度法》	(HJ 535—2009)
叶绿素a	《水质　叶绿素a　的测定　分光光度法》	(HJ 897—2017)

（2）浮游植物种类组成分析。

对浮游生物的定性定量监测参照相关标准进行。定性样品分析：在显微镜下观察定性样品，鉴定浮游植物的种类，优势种类鉴定到种，其他种类至少应鉴定到属；定量样品分析：将装片置于显微镜载物台上，用Whipple视野进行镜检计数，示意图如图3.5。根据浮游植物细胞大小，选择目镜10×、物镜20×或目镜10×、物镜40×放大倍数镜检，记录每个视野的浮游植物种类及数量。浮游植物的分类鉴定参考《中国淡水藻志》《中国内陆水域常见藻类图谱》等。

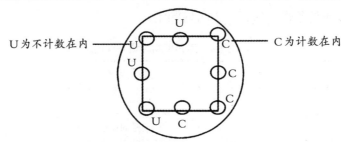

U为不计数在内 —— C为计数在内

图3.5 Whipple视野计数约定规则示意图

（3）浮游植物多样性指数分析。

Shannon-Weiner（香农—维纳多）多样性指数用来描述个体出现的紊乱和不确定性，不确定性越高，多样性也就越高。它包括两层含义：其一是种类数目；其二是种类中个体分布的均匀性。种类数目越多，多样性越大。根据表3.21的评价标准对浮游植物的多样性进行评价分析。

Shannon-Weiner多样性指数计算方式：

$$H = -\sum_{i=1}^{s}\left(\frac{n_i}{n}\right)\log_2\left(\frac{n_i}{n}\right)$$

式中：

s—样品中的种类数；

n_i—样品中第 i 种生物的个体数；

n—样品中生物总个体数。

表3.21 Shannon-Weiner指数分级评价标准

指数范围	级别	评价状态	污染程度
$H > 3$	丰富	物种种类丰富，个体分布均匀	清洁
$2 < H \leqslant 3$	较丰富	物种丰富度较高，个体分布比较均匀	轻污染
$1 < H \leqslant 2$	一般	物种丰富度较低，个体分布比较均匀	中污染
$0 < H \leqslant 1$	贫乏	物种丰富度低，个体分布不均匀	重污染
$H \leqslant 0$	极贫乏	物种单一，多样性丧失	严重污染

(4)浮游植物种类均匀度指数分析。

均匀度是实际多样性指数与理论上最大多样性指数的比值,是一个相对值,其数值范围在0~1之间,用它来评价浮游植物的多样性更为直观、清晰,能够反映出各物种个体数目分配的均匀程度,通常以均匀度大于0.3作为浮游植物多样性较好的标准,其评价指数多采用Pielcou指数:

$$J = \frac{H}{\ln S}$$

式子:

H—多样性指数;

S—种类数。

(5)浮游植物种类分布丰富度分析。

丰富度是指生境内物种数目的多寡,常用Margalef丰富度指数来评价:

$$D = \frac{S-1}{\ln N}$$

式中:

S—种类数;

N—某一种类的数目占总类数目的百分数。

丰富度指数分为四级,分级评价标准是:$0<D<1$,重度污染;$1<D<2$,严重污染;$2<D<4$,中度污染;$D>6$,清洁水。

(6)浮游植物群落的优势度计算。

浮游植物的优势种通过优势度来判断,计算公式为

$$Y = \frac{n_i}{N} \times f_i$$

式中:

n_i—第i种的总数目;

f_i—第i种在各样点出现的频率。

四、监测报告编写

监测报告内容至少包括:任务来源、监测目的、前期背景调查、监测计划制订、准备工作、计划实施、采样和样品运输、保存、实验室分析、数据处理、实验结论等。实验结论部分应包括浮游植物的种类组成,优势种、受内陆航运影响最大的物种、浮游植物的生物量及密度,多样性指数、水体叶绿素a含量等指标的分析,并根据以上结果给出对水质状况的评价,以及内陆航运对浮游植物产生的影响评价,提出整改建议等。

五、参考资料

(1)吴天浩,刘劲松,邓建明,等.大型过水性湖泊——洪泽湖浮游植物群落结构及其水质生物评价[J].

(2)张静,胡愈炘,胡圣,等.长江流域浮游植物群落的环境驱动及生态评价[J].

附录
APPENDIX

附录一　玻璃器皿洗涤及化学试剂分类

一、玻璃器皿的洗涤

玻璃器皿的清洁度直接影响实验结果的准确性与精密度。实验过程中所使用的玻璃器皿必须是洁净的。洁净的玻璃器皿用蒸馏水或去离子水润洗后,内壁应是附着一层均匀的水膜,而不是挂有水珠。

（一）洗涤方法

1.常规洗涤法

先用自来水冲洗1~2遍,然后用毛刷蘸取洗涤剂或去污粉仔细刷净内外表面,再用自来水冲洗直至没有洗涤剂,最后用蒸馏水或去离子水润洗2~3次。

洗涤时应按少量多次的原则用水冲洗,每次充分振荡后倾倒干净。凡能使用刷子洗的玻璃仪器,都应尽量用刷子蘸取洗涤剂进行刷洗,但不能用硬质刷子猛力擦洗内壁,这样易使其内壁表面毛糙、易吸附离子或其他杂质,影响测定结果或造成污染。测定痕量金属元素后的仪器清洗,应用10%硝酸浸泡24 h左右,再用水洗干净。

2.不便刷洗的玻璃仪器的洗涤方法

可根据污垢的性质选择不同的洗涤液进行浸泡或共煮后,再按照常规洗涤法进行清洗。

3.水蒸气洗涤法

有的玻璃仪器,主要是成套的组合仪器,除按上述要求洗涤外,还需组装起来,用水蒸气洗涤法清洗一定的时间。例如,凯氏微量定氮仪,每次使用前应将整个装置连同接收瓶用热水蒸气处理5 min,以便除去装置中的空气和前次试验所遗留的氨污染物,从而减少实验误差。

4.特殊清洁要求的洗涤

在某些实验中,对玻璃仪器有特殊的清洁要求,如分光光度计中的比色皿,一般只需要多用自来水冲洗,再用去离子水润洗即可。但测定有机物后,应尽快用有机溶剂洗涤或浸泡,如有必要,还可再用硝酸浸泡。之后用水冲净,最后用蒸馏水或去离子水洗净后晾干。如需急用,可先用滤纸吸干大部分水分后,再用无水乙醇或丙酮洗涤除尽残存水分,晾干后即可使用。

(二)各类玻璃器皿的洗涤

按玻璃材质将玻璃器皿分为以下三种。

1.普通玻璃器皿

量筒、容量瓶、比色管、移液管、试剂瓶等,几乎都是量器类,不适宜加热。

(1)量筒、比色管和试剂瓶:毛刷蘸洗涤剂刷洗。

(2)移液管

将洗涤剂倒入大容器中,将移液管直立于容器中浸泡,然后用洗耳球反复吸液,再用自来水冲洗干净,最后用蒸馏水或去离子水润洗2~3次。

(3)容量瓶

向容量瓶中装入1/4~1/3的洗涤液,盖上盖子,颠倒振摇数次后倒出洗液,然后用自来水冲洗干净,再用蒸馏水或去离子水润洗2~3次。

(4)滴定管

向管中倒入洗涤剂,两手略微倾斜握住,反复倾斜几次后将洗涤剂倒出,然后用自来水冲洗干净,再用蒸馏水或去离子水润洗2~3次。

2.硬质玻璃器皿

如烧杯、锥形瓶、蒸馏瓶、试管等,属于容器类,可以加热。其洗涤方法依形状不同而稍有不同,但大致与普通材质玻璃器皿的洗涤方法一样。

3.光学玻璃和石英器皿

常见的有比色皿或样品池。此类器皿千万不能用刷子刷洗,也不能用超声波器清洗。一般是反复用蒸馏水冲洗,或是用有机溶剂或稀硝酸浸泡后再用蒸馏水冲洗;若有颜色附着可用稀硝酸和乙醇的混合液浸泡后,再用自来水冲洗,最后用蒸馏水或去离子水润洗。

二、化学试剂的分类

化学试剂在分析监测实验中是不可缺少的物质,试剂的质量及实际选择的恰当与否,都将会直接影响到分析检测结果的成败。因此,对从事分析监测的人员来说,应对试剂的性质、用途和配制方法等方面进行充分的了解,以免因试剂选择不当而影响分析检测的结果。化学试剂的等级划分如附表1所示。

附表 1　我国化学试剂等级对照表

质量次序		1	2	3	4	
我国化学试剂等级标志	级别	一级品	二级品	三级品	四级品	
	中文标志	保证试剂	分析试剂	化学试剂		生物试剂
		优级纯	分析纯	化学纯	实验试剂	
	符号	G.R.	A.R.	C.P.	L.R.	B.R.C.R
	瓶签颜色	绿	红	蓝	棕色等	黄色等

　　此外,还有一些特殊用途的高纯试剂。例如,"基准试剂"是用作基准物,可直接配制标准溶液;"色谱纯"试剂,是在最高灵敏度 10^{-10} 以下无杂质峰来表示;"光谱纯"试剂,是以光谱分析时出现的干扰谱线的数目强度大小来衡量的,它不能作为化学分析的基准试剂,需要标定;"放射化学纯"试剂,它是以放射性测定时出现干扰的核辐射强度来衡量的;等等。

　　在环境样品的分析监测中,一级品可用于配制标准溶液;二级品常用于配制定量分析中普通试液,在通常情况下,未注明规格的试剂,均指分析纯试剂(即二级品);三级品只能用于配制半定量或定性分析中的普通试液和清洁液等。

附录二　地表水环境质量标准

一、标准来源

《地表水环境质量标准》(GB 3838—2002)。

二、范围

1.本标准按照地表水环境功能分类和保护目标,规定了水环境质量应控制的项目及限值,以及水质评价、水质项目的分析方法和标准的实施与监督。

2.本标准适用于中华人民共和国领域内江河、湖泊、运河、渠道、水库等具有使用功能的地表水水域。具有特定功能的水域,执行相应的专业用水水质标准。

三、水域功能和标准分类

依据地表水水域环境功能和保护目标,按功能高低依次划分为五类:

Ⅰ类主要适用于源头水、国家自然保护区;

Ⅱ类主要适用于集中式生活饮用水地表水源地一级保护区、珍稀水生生物栖息地、鱼虾类产卵场、仔稚幼鱼的索饵场等;

Ⅲ类主要适用于集中式生活饮用水地表水源地二级保护区、鱼虾类越冬场、洄游通道、水产养殖区等渔业水域及游泳区;

Ⅳ类主要适用于一般工业用水区及人体非直接接触的娱乐用水区;

Ⅴ类主要适用于农业用水区及一般景观要求水域。

对应地表水上述五类水域功能,将地表水环境质量标准基本项目标准值分为五类,不同功能类别分别执行相应类别的标准值。水域功能类别高的标准值严于水域功能类别低的标准值,同一水域兼有多类使用功能的,执行最高功能类别对应的标准值。实现水域功能与达功能类别标准为同一含义。

四、标准值

1.地表水环境质量标准基本项目标准限值见表2.1。

2.集中式生活饮用水地表水源地补充项目标准限值见附表2.2。

3.集中式生活饮用水地表水源地特定项目标准限值见附表2.3。

附表2.1　地表水环境质量标准基本项目标准限值　　　　　单位:mg/L

序号	项目		Ⅰ类	Ⅱ类	Ⅲ类	Ⅳ类	Ⅴ类
1	水温/℃		人为造成的环境水温变化应限制在:周平均最大温升≤1 周平均最大温降≤2				
2	pH值(无量纲)		6~9				
3	溶解氧	≥	饱和率90% (或7.5)	6	5	3	2
4	高锰酸盐指数	≤	2	4	6	10	15
5	化学需氧量(COD)	≤	15	15	20	30	40
6	五日生化需氧量 (BOD_5)	≤	3	3	4	6	10
7	氨氮(NH_3-N)	≤	0.15	0.5	1.0	1.5	2.0
8	总磷(以P计)	≤	0.02(湖、 库0.01)	0.1(湖、库 0.025)	0.2(湖、库 0.05)	0.3(湖、库 0.1)	0.4(湖、库 0.2)
9	总氮(湖、库,以N计)	≤	0.2	0.5	1.0	1.5	2.0
10	铜	≤	0.01	1.0	1.0	1.0	1.0
11	锌	≤	0.05	1.0	1.0	2.0	2.0
12	氟化物(以F^-计)	≤	1.0	1.0	1.0	1.5	1.5
13	硒	≤	0.01	0.01	0.01	0.02	0.02
14	砷	≤	0.05	0.05	0.05	0.1	0.1
15	汞	≤	0.000 05	0.000 05	0.000 1	0.001	0.001
16	镉	≤	0.001	0.005	0.005	0.005	0.01
17	铬(六价)	≤	0.01	0.05	0.05	0.05	0.1
18	铅	≤	0.01	0.01	0.05	0.05	0.1
19	氰化物	≤	0.005	0.05	0.2	0.2	0.2
20	挥发酚	≤	0.002	0.002	0.005	0.01	0.1
21	石油类	≤	0.05	0.05	0.05	0.5	1.0
22	阴离子表面活性剂	≤	0.2	0.2	0.2	0.3	0.3
23	硫化物	≤	0.05	0.1	0.2	0.5	1.0
24	粪大肠菌群/(个/L)	≤	200	2 000	10 000	20 000	40 000

附表2.2　集中式生活饮用水地表水源地补充项目标准限值　　　　单位:mg/L

序号	项目	标准值
1	硫酸盐(以SO_4^{2-}计)	250
2	氯化物(以Cl^-计)	250
3	硝酸盐(以N计)	10
4	铁	0.3
5	锰	0.1

附表2.3　集中式生活饮用水地表水源地特定项目标准限值　　　　单位:mg/L

序号	项目	标准值	序号	项目	标准值
1	三氯甲烷	0.06	41	丙烯酰胺	0.000 5
2	四氯化碳	0.002	42	丙烯腈	0.1
3	三溴甲烷	0.1	43	邻苯二甲酸二丁酯	0.003
4	二氯甲烷	0.02	44	邻苯二甲酸二(2-乙基己基)酯	0.008
5	1,2-二氯乙烷	0.03	45	水合肼	0.01
6	环氧氯丙烷	0.02	46	四乙基铅	0.000 1
7	氯乙烯	0.005	47	吡啶	0.2
8	1,1-二氯乙烯	0.03	48	松节油	0.2
9	1,2-二氯乙烯	0.05	49	苦味酸	0.5
10	三氯乙烯	0.07	50	丁基黄原酸	0.005
11	四氯乙烯	0.04	51	活性氯	0.01
12	氯丁二烯	0.002	52	滴滴涕	0.001
13	六氯丁二烯	0.000 6	53	林丹	0.002
14	苯乙烯	0.02	54	环氧七氯	0.000 2
15	甲醛	0.9	55	对硫磷	0.003
16	乙醛	0.05	56	甲基对硫磷	0.002
17	丙烯醛	0.1	57	马拉硫磷	0.05
18	三氯乙醛	0.01	58	乐果	0.08
19	苯	0.01	59	敌敌畏	0.05

续表

序号	项目	标准值	序号	项目	标准值
20	甲苯	0.7	60	敌百虫	0.05
21	乙苯	0.3	61	内吸磷	0.03
22	二甲苯①	0.5	62	百菌清	0.01
23	异丙苯	0.25	63	甲萘威	0.05
24	氯苯	0.3	64	溴氰菊酯	0.02
25	1,2-二氯苯	1.0	65	阿特拉津	0.003
26	1,4-二氯苯	0.3	66	苯并[a]芘	2.8×10^{-6}
27	三氯苯②	0.02	67	甲基汞	1.0×10^{-6}
28	四氯苯③	0.02	68	多氯联苯⑥	2.0×10^{-5}
29	六氯苯	0.05	69	微囊藻毒素-LR	0.001
30	硝基苯	0.017	70	黄磷	0.003
31	二硝基苯④	0.5	71	钼	0.07
32	2,4-二硝基甲苯	0.000 3	72	钴	1.0
33	2,4,6-三硝基甲苯	0.5	73	铍	0.002
34	硝基氯苯⑤	0.05	74	硼	0.5
35	2,4-二硝基氯苯	0.5	75	锑	0.005
36	2,4-二氯苯酚	0.093	76	镍	0.02
37	2,4,6-三氯苯酚	0.2	77	钡	0.7
38	五氯酚	0.009	78	钒	0.05
39	苯胺	0.1	79	钛	0.1
40	联苯胺	0.000 2	80	铊	0.000 1

注:①二甲苯:指对二甲苯、间二甲苯、邻二甲苯。

②三氯苯:指1,2,3-三氯苯、1,2,4-三氯苯、1,3,5-三氯苯。

③四氯苯:指1,2,3,4-四氯苯、1,2,3,5-四氯苯、1,2,4,5-四氯苯。

④二硝基苯:指对二硝基苯、间二硝基苯、邻二硝基苯。

⑤硝基氯苯:指对硝基氯苯、间硝基氯苯、邻硝基氯苯。

⑥多氯联苯:指PCB-1016、PCB-1221、PCB-1232、PCB-1242、PCB-1248、PCB-1254、PCB-1260。

附录三　环境空气质量标准

一、标准来源

《环境空气质量标准》(GB 3095—2012)。

二、环境空气功能区分类和质量要求

1.环境空气功能区分类

环境空气功能区分为二类:一类区为自然保护区、风景名胜区和其他需要特殊保护的区域;二类区为居住区、商业交通居民混合区、文化区、工业区和农村地区。

2.环境空气功能区质量要求

一类区适用一级浓度限值,二类区适用二级浓度限值。一、二类环境空气功能区质量要求见附表3.1和附表3.2。

附表3.1　环境空气污染物基本项目浓度限值

| 序号 | 污染物项目 | 平均时间 | 浓度限值 | | 单位 |
			一级	二级	
1	二氧化硫(SO₂)	年平均	20	60	μg/m³
		24小时平均	50	150	
		1小时平均	150	500	
2	二氧化氮(NO₂)	年平均	40	40	mg/m³
		24小时平均	80	80	
		1小时平均	200	200	
3	一氧化碳(CO)	24小时平均	4	4	mg/m³
		1小时平均	10	10	
4	臭氧(O₃)	日最大8小时平均	100	160	μg/m³
		1小时平均	160	200	
5	颗粒物(粒径小于等于10 μm)	年平均	40	70	μg/m³
		24小时平均	50	150	
6	颗粒物(粒径小于等于2.5 μm)	年平均	15	35	
		24小时平均	35	75	

表3.2　环境空气污染物其他项目浓度限值

序号	污染物项目	平均时间	浓度限值		单位
			一级	二级	
1	总悬浮颗粒物(TSP)	年平均	80	200	μg/m³
		24小时平均	120	300	
2	氮氧化物(NO$_x$)(以NO$_2$计)	年平均	50	50	
		24小时平均	100	100	
		1小时平均	250	250	
3	铅(Pb)	年平均	0.5	0.5	
		季平均	1.0	1.0	
4	苯并[a]芘(BaP)	年平均	0.001	0.001	
		24小时平均	0.002 5	0.002 5	

附录四　社会生活环境噪声排放标准

一、标准来源

《社会生活环境噪声排放标准》(GB 22337—2008)和《环境噪声监测技术规范　城市声环境常规监测》(HJ 640—2012)。

二、声环境功能区分类

按区域的使用功能特点和环境质量要求,声环境功能区分为以下五种类型:

(1)0类声环境功能区:指康复疗养区等特别需要安静的区域;

(2)1类声环境功能区:指以居民住宅、医疗卫生、文化教育、科研设计、行政办公为主要功能,需要保持安静的区域;

(3)2类声环境功能区:指以商业金融、集市贸易为主要功能,或者居住、商业、工业混杂,需要维护住宅安静的区域;

(4)3类声环境功能区:指以工业生产、仓储物流为主要功能,需要防止工业噪声对周围环境产生严重影响的区域;

(5)4类声环境功能区:指交通干线两侧一定距离之内,需要防止交通噪声对周围环境产生严重影响的区域,包括4a类和4b类两种类型。4a类为高速公路、一级公路、二级公路、城市快速路、城市主干路、城市次干路、城市轨道交通(地面段)、内河航道两侧区域;4b类为铁路干线两侧区域。

三、环境噪声排放限值

1.边界噪声排放限值

社会生活噪声排放源边界噪声不得超过附表4.1规定的排放限值。

附表4.1　社会生活噪声排放源边界噪声排放限值　　　　单位:dB(A)

边界外声环境功能区类别	时段	
	昼间	夜间
0	50	40
1	55	45
2	60	50
3	65	55
4	70	55

2.结构传播固定设备室内噪声排放限值

在社会生活噪声排放源位于噪声敏感建筑物内情况下,噪声通过建筑物结构传播至噪声敏感建筑物室内时,噪声敏感建筑物室内等效声级不得超过附表4.2和附表4.3规定的限值。

附表4.2　结构传播固定设备室内噪声排放限值(等效声级)　　　　　　单位:dB(A)

噪声敏感建筑物声环境所处功能区类别	A类房间		B类房间	
	昼间	夜间	昼间	夜间
0	40	30	40	30
1	40	30	45	35
2、3、4	45	35	50	40

说明:A类房间——指以睡眠为主要目的,需要保证夜间安静的房间,包括住宅卧室、医院病房、宾馆客房等。
B类房间——指主要在昼间使用,需要保证思考与精神集中、正常讲话不被干扰的房间,包括学校教室、会议室、办公室、住宅中卧室以外的其他房间等。

附表4.3　结构传播固定设备室内噪声排放限值(倍频带声压级)　　　　　　单位:dB

噪声敏感建筑物所处声环境功能区类别	时段	房间类型	室内噪声倍频带声压级限值				
			31.5 Hz	63 Hz	125 Hz	250 Hz	500 Hz
0	昼间	A、B类房间	76	59	48	39	34
	夜间	A、B类房间	69	51	39	30	24
1	昼间	A类房间	76	59	48	39	34
		B类房间	79	63	52	44	38
	夜间	A类房间	69	51	39	30	24
		B类房间	72	55	43	35	29
2、3、4	昼间	A类房间	79	63	52	44	38
		B类房间	82	67	56	49	43
	夜间	A类房间	72	55	43	35	29
		B类房间	76	59	48	39	34

四、道路交通噪声平均值的强度等级

如下见附表4.4。

附表4.4　道路交通噪声强度等级划分　　　　　　　　　　单位:dB(A)

等级	一级	二级	三级	四级	五级
昼间平均等效声级	≤68.0	68.1~70.0	70.1~72.0	72.1~74.0	>74.0
夜间平均等效声级	≤58.0	58.1~60.0	60.1~62.0	62.1~64.0	>64.0

说明:道路交通噪声强度等级"一级"至"五级"可分别对应评价为"好"、"较好"、"一般"、"较差"和"差"。

附录五　危险废物鉴别标准浸出毒性鉴别

一、标准来源

《危险废物鉴别标准　浸出毒性鉴别》(GB 5085.3—2007)。

二、范围

本标准规定了以浸出毒性为特征的危险废物鉴别标准。

本标准适用于任何生产、生活和其他活动中产生固体废物的浸出毒性鉴别。

三、鉴别标准

按照 H/T 299 制备的固体废物浸出液中任何一种危害成分含量超过附表5.1中所列的浓度限值,则判定该固体废物是具有浸出毒性特征的危险废物。

附表5.1　浸出毒性鉴别标准值

序号	危害成分项目	浸出液中危害成分浓度限值/(mg/L)
无机元素及化合物		
1	铜(以总铜计)	100
2	锌(以总锌计)	100
3	镉(以总镉计)	1
4	铅(以总铅计)	5
5	总铬	15
6	铬(六价)	5
7	烷基汞	不得检出[1]
8	汞(以总汞计)	0.1
9	铍(以总铍计)	0.02
10	钡(以总钡计)	100
11	镍(以总镍计)	5
12	总银	5
13	砷(以总砷计)	5
14	硒(以总硒计)	1
15	无机氟化物(不包括氟化钙)	100
16	氰化物(以CN⁻计)	5

序号	危害成分项目	浸出液中危害成分浓度限值/(mg/L)
有机农药类		
17	滴滴涕	0.1
18	六六六	0.5
19	乐果	8
20	对硫磷	0.3
21	甲基对硫磷	0.2
22	马拉硫磷	5
23	氯丹	2
24	六氯苯	5
25	毒杀芬	3
26	灭蚁灵	0.05
非挥发性有机化合物		
27	硝基苯	20
28	二硝基苯	20
29	对硝基氯苯	5
30	2,4-二硝基氯苯	5
31	五氯酚及五氯酚钠(以五氯酚计)	50
32	苯酚	3
33	2,4-二氯苯酚	6
34	2,4,6-二氯苯酚	6
35	苯并[a]芘	0.000 3
36	邻苯二甲酸二丁酯	2
37	邻苯二甲酸二辛酯	3
38	多氯联苯	0.002

续表

序号	危害成分项目	浸出液中危害成分浓度限值/(mg/L)
	挥发性有机化合物	
39	苯	1
40	甲苯	1
41	乙苯	4
42	二甲苯	4
43	氯苯	2
44	1,2-二氯苯	4
45	1,4-二氯苯	4
46	丙烯腈	20
47	三氯甲烷	3
48	四氯化碳	0.3
49	三氯乙烯	3
50	四氯乙烯	1

注[1]:"不得检出"指甲基汞<10 ng/L,乙基汞<20 ng/L。

附录六　土壤环境质量建设用地及土壤污染风险管控标准

一、标准来源

《土壤环境质量　建设用地土壤污染风险管控标准(试行)》(GB 36600—2018)。

二、建设用地分类

建设用地中,城市建设用地根据保护对象暴露情况的不同,可划分为以下两类。

第一类用地:包括 GB 50137 规定的城市建设用地中的居住用地(R),公共管理与公共服务用地中的中小学用地(A33)、医疗卫生用地(A5)和社会福利设施用地(A6),以及公园绿地(G1)中的社区公园或儿童公园用地等。

第二类用地:包括 GB 50137 规定的城市建设用地中的工业用地(M),物流仓储用地(W),商业服务业设施用地(B),道路与交通设施用地(S),公用设施用地(U),公共管理与公共服务用地(A)(A33、A5、A6 除外),以及绿地与广场用地(G)(G1 中的社区公园或儿童公园用地除外)等。

三、建设用地土壤污染风险筛选值和管制值

保护人体健康的建设用地土壤污染风险筛选值和管制值见附表 6.1 和附表 6.2,其中附表 6.1 为基本项目,附表 6.2 为其他项目。

附表6.1　建设用地土壤污染风险筛选值和管制值(基本项目)　　　单位:mg/kg

序号	污染物项目	筛选值		管制值	
		第一类用地	第二类用地	第一类用地	第二类用地
重金属和无机物					
1	砷	20[a]	60[a]	120	140
2	镉	20	65	47	172
3	铬(六价)	3.0	5.7	30	78
4	铜	2 000	18 000	8 000	36 000
5	铅	400	800	800	2500
6	汞	8	38	33	82
7	镍	150	900	600	2 000

续表

序号	污染物项目	筛选值		管制值	
		第一类用地	第二类用地	第一类用地	第二类用地
挥发性有机物					
8	四氯化碳	0.9	2.8	9	36
9	氯仿	0.3	0.9	5	10
10	氯甲烷	12	37	21	120
11	1,1-二氯乙烷	3	9	20	100
12	1,2-二氯乙烷	0.52	5	6	21
13	1,1-二氯乙烯	12	66	40	200
14	顺-1,2-二氯乙烯	66	596	200	2 000
15	反-1,2-二氯乙烯	10	54	31	163
16	二氯甲烷	94	616	300	2 000
17	1,2-二氯丙烷	1	5	5	47
18	1,1,1,2-四氯乙烷	2.6	10	26	100
19	1,1,2,2-四氯乙烷	1.6	6.8	14	50
20	四氯乙烯	11	53	34	183
21	1,1,1-三氯乙烷	701	840	840	840
22	1,1,2-三氯乙烷	0.6	2.8	5	15
23	三氯乙烯	0.7	2.8	7	20
24	1,2,3-三氯丙烷	0.05	0.5	0.5	5
25	氯乙烯	0.12	0.43	1.2	4.3
26	苯	1	4	10	40
27	氯苯	68	270	200	1 000
28	1,2-二氯苯	560	560	560	560
29	1,4-二氯苯	5.6	20	56	200
30	乙苯	7.2	28	72	280
31	苯乙烯	1 290	1 290	1 290	1 290
32	甲苯	1 200	1 200	1 200	1 200
33	间-二甲苯+对-二甲苯	163	570	500	570
34	邻-二甲苯	222	640	640	640

序号	污染物项目	筛选值		管制值	
		第一类用地	第二类用地	第一类用地	第二类用地
半挥发性有机物					
35	硝基苯	34	76	190	760
36	苯胺	92	260	211	663
37	2-氯酚	250	2 256	500	4 500
38	苯并[a]蒽	5.5	15	55	151
39	苯并[a]芘	0.55	1.5	5.5	15
40	苯并[b]荧蒽	5.5	15	55	151
41	苯并[k]荧蒽	55	151	550	1 500
42	䓛	490	1 293	4 900	12 900
43	二苯并[a,h]蒽	0.55	1.5	5.5	15
44	茚并[1,2,3-cd]芘	5.5	15	55	151
45	萘	25	70	255	700

[a] 具体地块土壤中污染物监测含量超过筛选值,但等于或者低于土壤环境背景值水平的,不纳入污染地块管理。

附表6.2 建设用地土壤污染风险筛选值和管制值(其他项目)　　　　单位:mg/kg

序号	污染物项目	筛选值		管制值	
		第一类用地	第二类用地	第一类用地	第二类用地
重金属和无机物					
1	锑	20	180	40	360
2	铍	15	29	98	290
3	钴	20[a]	70[a]	190	350
4	甲基汞	5.0	45	10	120
5	钒	165[a]	752	330	1 500
6	氰化物	22	135	44	270

续表

序号	污染物项目	筛选值		管制值	
		第一类用地	第二类用地	第一类用地	第二类用地
挥发性有机物					
7	一溴二氯甲烷	0.29	1.2	2.9	12
8	溴仿	32	103	320	1 030
9	二溴氯甲烷	9.3	33	93	330
10	1,2-二溴乙烷	0.07	0.24	0.7	2.4
半挥发性有机物					
11	六氯环戊二烯	1.1	5.2	2.3	10
12	2,4-二硝基甲苯	1.8	5.2	1.8	52
13	2,4-二氯酚	117	843	234	1 690
14	2,4,6-三氯酚	39	137	78	560
15	2,4-二硝基酚	78	562	156	1 130
16	五氯酚	1.1	2.7	12	27
17	邻苯二甲酸二(2-乙基己基)酯	42	121	420	1210
18	邻苯二甲酸丁基苄酯	312	900	3 120	9 000
19	邻苯二甲酸二正辛酯	390	2 812	800	5 700
20	3,3'-二氯联苯胺	1.3	3.6	13	36
有机农药类					
21	阿特拉津	2.6	7.4	26	74
22	氯丹[b]	2.0	6.2	20	62
23	p,p'-滴滴滴	2.5	7.1	25	71
24	p,p'-滴滴伊	2.0	7.0	20	70
25	滴滴涕[c]	2.0	6.7	21	67
26	敌敌畏	1.8	5.0	18	50

序号	污染物项目	筛选值		管制值	
		第一类用地	第二类用地	第一类用地	第二类用地
27	乐果	86	619	170	1 240
28	硫丹 d	234	1 687	470	3 400
29	七氯	0.13	0.37	1.3	3.7
30	α-六六六	0.09	0.3	0.9	3
31	β-六六六	0.32	0.92	3.2	9.2
32	γ-六六六	0.62	1.9	6.2	19
33	六氯苯	0.33	1	3.3	10
34	灭蚁灵	0.03	0.09	0.3	0.9
多氯联苯、多溴联苯和二噁英类					
35	多氯联苯(总量)e	0.14	0.38	1.4	3.8
36	3,3',4,4',5-五氯联苯 (PCB 126)	4×10^{-5}	1×10^{-4}	4×10^{-4}	1×10^{-3}
37	3,3',4,4',5,5'-六氯联苯 (PCB 169)	1×10^{-4}	4×10^{-4}	1×10^{-3}	4×10^{-3}
38	二噁英类(总毒性当量)	1×10^{-5}	4×10^{-5}	1×10^{-4}	4×10^{-4}
39	多溴联苯(总量)	0.02	0.06	0.2	0.6
石油烃类					
40	石油烃($C_{10} \sim C_{40}$)	826	4 500	5 000	9 000

a 具体地块土壤中污染物监测含量超过筛选值,但等于或者低于土壤环境背景值水平的,不纳入污染地块管理。

b 氯丹为 α-氯丹、γ-氯丹两种物质含量总和。

c 滴滴涕为 o,p'-滴滴涕、p,p'-滴滴涕两种物质含量总和。

d 硫丹为 α-硫丹、β-硫丹两种物质含量总和。

e 多氯联苯(总量)为 PCB 77、PCB 81、PCB 105、PCB 114、PCB 118、PCB 123、PCB 126、PCB 156、PCB 157、PCB 167、PCB 169、PCB 189十二种物质含量总和。

附录七　船舶水污染物排放控制标准

一、标准来源

《船舶水污染物排放控制标准》(GB 3552—2018)。

二、范围

本标准规定了船舶含油污水、生活污水的污染物排放控制要求和监测要求,含有毒液体物质的污水和船舶垃圾的排放控制要求,以及标准的实施与监督等内容。

本标准适用于中华人民共和国领域和管辖的其他海域内,船舶向环境水体排放含油污水、生活污水、含有毒液体物质的污水和船舶垃圾等行为的监督管理。本标准不适用于为保障船舶安全或救护水上人员生命安全所必须的临时性排放行为。

本标准适用于法律允许的污染物排放行为。对内河和其他特殊保护区域内船舶污染物排放的管理,按照《中华人民共和国环境保护法》《中华人民共和国水污染防治法》《中华人民共和国海洋环境保护法》《中华人民共和国防治船舶污染海洋环境管理条例》等法律法规中关于禁止倾倒垃圾、禁止排放有毒液体物质、禁止在饮用水源保护区排污、防止船载货物溢流和渗漏等具体规定执行。

三、船舶污水污染物排放限值

机器处所油污水污染物排放控制按附表7.1规定执行,排放应在船舶航行中进行。

附表7.1　船舶机器处所油污水污染物排放限值

污染物项目	限值	污染物排放监控位置
石油类/(mg/L)	15	油污水处理装置出水口

在2012年1月1日以前安装(含更换)生活污水处理装置的船舶,向环境水体排放生活污水,其污染物排放控制按附表7.2规定执行。

附表7.2　船舶生活污水污染物排放限值(一)

序号	污染物项目	限值	污染物排放监控位置
1	五日生化需氧量(BOD_5)/(mg/L)	50	生活污水处理装置出水口
2	悬浮物(SS)/(mg/L)	150	
3	耐热大肠菌群数/(个/L)	2 500	

在2012年1月1日及以后安装(含更换)生活污水处理装置的船舶,向环境水体排放生活污水,其污染物排放控制按附表7.3规定执行,应执行其他排放控制要求的船舶除外。

附表7.3　船舶生活污水污染物排放限值(二)

序号	污染物项目	限值	污染物排放监控位置
1	五日生化需氧量(BOD$_5$)/(mg/L)	25	
2	悬浮物(SS)/(mg/L)	35	
3	耐热大肠菌群数/(个/L)	1 000	生活污水处理装置出水口
4	化学需氧量(COD$_{Cr}$)/(mg/L)	125	
5	pH值	6.0~8.5	
6	总氯(总余氯)/(mg/L)	<0.5	

在2021年1月1日及以后安装(含更换)生活污水处理装置的客运船舶,向内河排放生活污水,其污染物排放控制按附表7.4规定执行。

附表7.4　船舶生活污水污染物排放限值(三)

序号	污染物项目	限值	污染物排放监控位置
1	五日生化需氧量(BOD$_5$)/(mg/L)	20	
2	悬浮物(SS)/(mg/L)	20	
3	耐热大肠菌群数/(个/L)	1 000	
4	化学需氧量(COD$_{Cr}$)/(mg/L)	60	
5	pH值(无量纲)	6.0~8.5	生活污水处理装置出水口
6	总氯(总余氯)/(mg/L)	<0.5	
7	总氮/(mg/L)	20	
8	氨氮/(mg/L)	15	
9	总磷/(mg/L)	1.0	

参考文献
REFERENCES

[1]　奚旦立.环境监测实验[M].2版.北京:高等教育出版社,2019.

[2]　国家环境保护总局《水和废水监测分析方法》编委会.水和废水监测分析方法[M].4版.北京:中国环境科学出版社,2002.

[3]　国家环境保护总局《空气和废气监测分析方法》编委会.空气和废气监测分析方法[M].4版.北京:中国环境科学出版社,2003.

[4]　奚旦立.环境监测[M].5版.北京:高等教育出版社,2019.

[5]　邓晓燕,初永宝,赵玉美.环境监测实验[M].北京:化学工业出版社,2019.

[6]　李丽娜.环境监测技术与实验[M].北京:冶金工业出版社,2020.

[7]　赵文.水生生物学[M].北京:中国农业出版社,2005.

[8]　施欣,袁群.长江流域航运水污染影响与调控研究[M].上海:上海交通大学出版社,2007.

[9]　张洁瑜,杨帆,李永忠.铁路建设项目施工期环境监测指标体系的探讨[J].铁道劳动安全卫生与环保,2010,37(6):321-323.

[10]　郑静珍,戚佳,洪文俊,等.水运工程建设项目施工期生态环境监测指标体系研究[J].珠江水运,2018,9:102-103.

[11]　李茜.大气污染的环境监测及治理研究[J].资源节约与环保,2020(10):66-67.

[12]　刘刚,徐慧,谢学俭,等.大气环境监测[M].北京:气象出版社,2021.

[13]　徐泽宇.工业区和交通区周边土壤多环芳烃的污染监测与风险研究[D].杭州:杭州电子科技大学,2021.

[14]　李涛,李灿阳,俞丹娜,等.交通要道重金属污染对农田土壤动物群落结构及空间分布的影响[J].生态学报.2010,30(18):5001-5011.

[15]　龚旭平,陆梦,吴婷竹.推进内河航运污染防治工作的实践与思考[J].中国水运,2020(5):109-111.